你的育儿手账书
值得一辈子珍藏

宝宝来了

0～1岁 | 每周必读 | 边读边记

妈咪 Jane／编著

俞宏真／顾问医师
格子左左／插画

中国出版集团
東方出版中心

贴一张宝宝的襁褓小照吧！
可以是
初涉人世的小脚丫
满月时的俏模样
献给妈妈的第一个吻
趴在爸爸肩头上的笑颜

我的宝宝什么样？

新生宝宝体重一般在 2.5 ~ 4 千克之间，身长约 46 ~ 52 厘米；颜面浮肿，有时睁开眼睛，还看不清东西；能吮吸和吞咽母乳；出生当天，宝宝就开始排泄大小便啦！

本周关注：

帮宝宝拍背打嗝

宝宝吮吸母乳时，常会吸入过量空气，导致肠胃不适。妈妈帮助宝宝打嗝，可以释放积累在宝宝肚子里的多余气体。

在妈妈肩上打嗝

紧紧抱住宝宝，把宝宝的头靠在妈妈的肩膀上，一只手牢牢托住宝宝的臀部，另一只手轻轻揉搓拍打宝宝的背部。绝大部分宝宝都比较适应这种方式，妈妈要记得在肩膀上铺一块饱嗝布，防止弄脏衣服。

俯卧在大腿上打嗝

妈妈先将自己的大腿稍稍分开，让宝宝脸朝下、头朝左俯卧在大腿上。妈妈左臂支在自己的左腿上，左手托住宝宝的胸部，将宝宝的头和脖子靠在自己的臂弯上，这样头部可以高于身体；妈妈右手轻拍宝宝的背。如果宝宝患有腹绞痛（详见第 3 周），采用这种方式更有效。

挺直上身打嗝

让宝宝坐在妈妈的腿上，一只手托住宝宝的头和胸部，另一只手轻轻拍打或是搓揉宝宝的背部。注意让宝宝的头略微前倾，不能向后耷拉。新生儿不建议采用此姿势。

Tips: 新生儿体重减轻

新生儿出生后 1 周往往有体重减轻的现象，一般情况下 10 天内即可恢复。如 10 天后仍未恢复，应寻找原因。

打饱嗝小贴示

日期 MON

日期 TUE

日期 WED

日期 THU

日期 FRI

日期 SAT

日期 SUN

宝宝喝够奶了吗？

- 宝宝肌肤富有弹性，如果轻捏一下，会马上复原。如果捏痕没有立即消退，则说明宝宝有脱水现象，没有喝够奶水。
- 喂奶时，妈妈能听见宝宝吞咽奶水的声音。
- 宝宝一般一天排便 2 ~ 5 次，但有的宝宝会一天排便 7 ~ 8 次（宝宝 24 小时内出现第 1 次排便，大便呈墨绿色或黑色稠糊状，称其为胎便。2 ~ 3 天后胎便逐渐排尽，大便呈金黄色或淡黄色）。
- 宝宝每天至少尿湿 5 ~ 6 块一次性尿片。

我的宝宝什么样？

宝宝能听见较大的声音；两只手喜欢握成拳状或只是稍微张开；视力不好，眼神游移或有点儿“对眼”；体重无增加或增加很少。

本周关注：

新生宝宝哭泣

新生宝宝与家人唯一的沟通方式就是哭泣，妈妈可以从宝宝的哭声中辨别他 / 她的需要。

宝宝哭声的含义

- **一般的啼哭通常表示：**宝宝饿了，要吃奶；尿湿了，要换尿布；烦了，想要被关注；有吮吸欲了，要安抚奶嘴；想妈妈了，要妈妈抱。
- **有些哭声必须格外注意：**哭声尖利且不断，可能是身体某个地方有炎症而引起发烧等病痛；间歇性哭闹，可能是肠胃问题；不让妈妈碰触身体某个部位，可能是该部位疼痛或有病变。一旦发生这些情况，妈妈应立即带宝宝去医院就诊。

如何使宝宝停止啼哭?

- 给宝宝喂奶、换尿布；给宝宝洗澡、换衣服。
- 使用不同方法让宝宝打出饱嗝，吐出胀气。
- 护住宝宝的头、颈部和身体，轻轻摇动宝宝，绝不可大幅度地猛力摇晃。
- 改变宝宝的体位姿势。
- 用背袋背着宝宝在室内到处走走。
- 用婴儿车推宝宝外出呼吸新鲜空气。
- 播放音乐，或哼唱儿歌。

如何使宝宝停止啼哭？

宝宝成长第 2 周

日期 MON

日期 TUE

日期 WED

日期 THU

日期 FRI

日期 SAT

日期 SUN

新生儿黄疸

出生后 2 ~ 3 天开始，宝宝的皮肤可出现黄疸，大部分是生理性黄疸，一般 2 周内会消退。在新生儿中，黄疸发生率约为三分之一，这是由于宝宝血液中胆红素浓度增加造成的。母乳喂养，可以减少黄疸的发生率。如黄疸出现时间很早或持续时间较长、黄疸程度很深，医生会检查宝宝的胆红素水平，并立即治疗。

我的宝宝什么样？

宝宝的眼睛对光反应敏感，喜欢看人脸；听觉已相当敏锐，妈妈的声音对宝宝有更好的安抚作用；触觉有高度的灵敏性，尤其在眼、前额、口周、手掌、足底等部位。

本周关注：

预防腹绞痛（腹胀气）

3 周到 4 个月大的宝宝最容易患上腹绞痛。肠道疾病造成的剧痛或消化问题引起的极度不适都可能导致宝宝腹绞痛。

腹绞痛典型症状

- 宝宝连续 3 周，每周至少 3 天基本在下午或傍晚同一时段大声啼哭 1 到数小时，经安抚无法缓解。
- 宝宝肚子总是胀胀的，有消化不良的症状。
- 宝宝大声啼哭时总把自己的膝盖抵在自己的胸口处，并痛苦地攥紧小拳头。
- 宝宝焦躁不安，并且常常彻夜啼哭不停。

如何预防腹绞痛

- 哺乳时，妈妈将整个乳头和乳晕都塞入宝宝嘴中，减少宝宝对空气的吸入量；人工喂养则建议使用闭气奶瓶。
- 每次喂奶后为宝宝拍嗝。拍嗝要有耐心，少则 10 分钟，多则半个小时，排气越彻底，宝宝休息越好。
- 傍晚后不要安排大量令宝宝兴奋的活动。
- 哺乳妈妈自身应避免喂吃容易引起胃胀气的食物。

宝宝腹绞痛

宝宝成长第3周

日期　　MON

日期　　TUE

日期　　WED

日期　　THU

日期 FRI

日期 SAT

日期 SUN

宝宝的湿疹反反复复总不好，听说宝宝有湿疹就不能沾水，否则皮肤会变干，湿疹会加重。这种说法是否正确？

移动阅读

扫答案

防治红屁股

- 红屁股在医学上又称尿布疹。一定要使用透气尿片，建议每 2 个小时换一次，尤其在宝宝大便之后，必须立即更换。
- 更换干净尿片前，要用温水洗屁股，外出时可随身携带特种纤维清洁棉（100% 纯水）擦拭，并给宝宝屁股涂上护臀膏，有效隔离细菌和尿酸。
- 如果已感染，有红肿、表皮渗水现象，建议立即就医。

我的宝宝什么样?

宝宝这周满月啦，他 / 她能注视眼前活动的物体；啼哭时听到声音会安静下来；小手能握紧大人的一根手指；还能张口模仿大人“说话”呢!

本周关注:

不可大力摇晃婴儿

不少爸妈或者其他带养人，会因为宝宝长时间啼哭而摇晃他，这种做法非常危险，可能会导致“婴儿摇晃症候群”，即“瞬间以不当的方式剧烈摇晃婴幼儿，或长时间无数次地快速摇晃婴幼儿，造成其脑部伤害，甚至死亡”。

避免婴儿摇晃症候群的发生，不要以剧烈摇晃的方式安抚宝宝。并随时注意给予宝宝颈部支撑：不要在空中抛接宝宝；不要抱着宝宝旋转；不要让宝宝坐在大人膝盖上，用力使其往后翻躺。

Tips：训练宝宝独自入睡

当宝宝有点睡意时，妈妈就应把他 / 她抱入婴儿床，让他 / 她习惯自己入睡。

轻拍宝宝，给他 / 她以安全感，这样宝宝一会儿就会安静下来。

播放轻柔的音乐，有助宝宝睡眠（扫“**移动阅读**”二维码，听妈咪 Jane 推荐的宝宝催眠曲）。

让宝宝睡在背光的一侧，或是为宝宝挡住光源。

给宝宝舒服地洗个澡，保持宝宝良好的心情。

也可制造一点“白色噪声”，低度的噪声会让宝宝感到安全。

让宝宝独自入睡

日期 MON

日期 TUE

日期 WED

日期 THU

日期 FRI

日期 SAT

日期 SUN

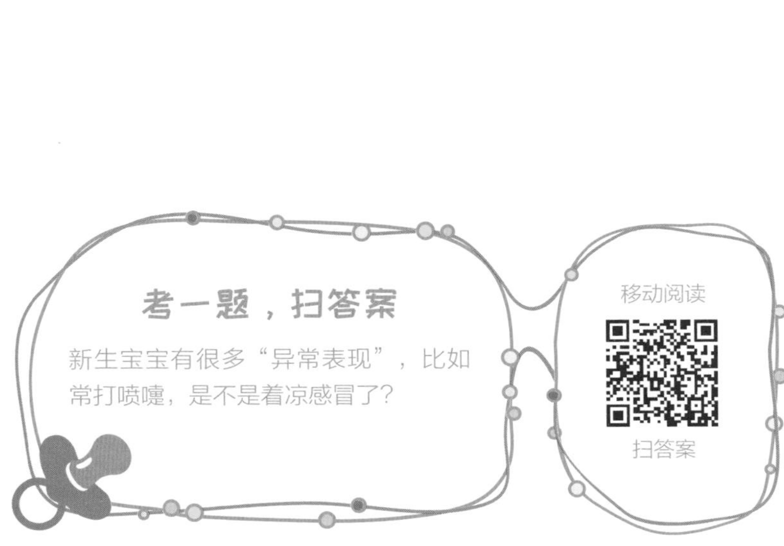

满月宝宝发育指标

- 体重：男婴约 3.5 ~ 5.7 千克；女婴约 3.2 ~ 5.4 千克
- 身长：男婴约 51.1 ~ 58.5 厘米；女婴约 50.1 ~ 57.4 厘米
- 头围：男婴约 35.1 ~ 39.5 厘米；女婴约 34.4 ~ 38.8 厘米

我的宝宝什么样？

宝宝的小手已经比刚出生时伸展开许多，但睡觉时还是像小青蛙一样蜷着四肢。宝宝已习惯了外界的各种声音，也开始能分辨声源。

本周关注：

婴儿猝死综合征（SIDS）

多发原因

大多发生在宝宝出生的头 4 个月内，尤其以天气较冷的秋冬和早春为频发季节。宝宝穿戴太多或在睡眠中翻身成俯卧姿势，而自己还不能很好地挺胸抬头或用手撑起身体，致使嘴鼻被物体阻塞，导致窒息死亡。

如何避免

- 在婴儿床中使用优质坚挺的床垫，避免宝宝在熟睡时把脸陷入床垫中。
- 不要把婴儿房的温度调得过高，夜间不要让宝宝穿数量太多、尺码太大的衣服；不要为宝宝铺盖羊毛毯子和厚重的被子；选择露出双臂的睡袋让宝宝双臂留在被子外，以便意外发生时宝宝可以舞动双手“自卫”。
- 避免让新生宝宝使用枕头，并在睡觉前移走宝宝床铺上所有的软体填充玩具。
- 时刻留意观察宝宝的睡眠，并适时调换宝宝的睡姿。
- 鼓励宝宝爬行，增强手臂和肩膀的大肌肉发育。
- 与宝宝同房但不同床，应使用婴儿安全保护床（篮）。
- 父母必须戒烟，避免危害宝宝的肺部，损害听力，增加婴儿猝死综合征的概率。

避免发生婴儿猝死综合征
SIDS

宝宝成长第 5 周

日期　MON

日期　TUE

日期　WED

日期　THU

日期 FRI

日期 SAT

日期 SUN

宝宝对你抬头微笑

- 大部分宝宝都在出生第 5 周前后学会了微笑，这是宝宝送给父母的第一份礼物。
- 宝宝的颈部肌肉逐渐变得强壮，可以支持头部的重量了。平躺的时候，宝宝能灵活转动自己的小脑袋，俯卧的时候也能够挺直脖子。即使坐在推车、安全座椅或背袋里，他也能主动抬高小脑袋，观察周围发生的状况。

我的宝宝什么样？

现在，宝宝的笑容越来越多，他/她的笑逐渐从原来的无意识状态变成有意识的行为。已经能够把目光集中在一个物体上，而且开始喜欢图案、颜色和形状更复杂一些的东西。

本周关注：

宝宝“42天检查”都做啥？

常规检查

测量身长：约增长4～6厘米；

体重：约增长1,000克左右；

头围：约增长2～3厘米；

心肺检查：听心跳、肺部呼吸声是否正常等。

神经系统的检查

- **竖头：** 宝宝是否能够自己通过颈部的力量，将晃动的头部竖直固定住。
- **俯卧抬头：** 宝宝是否能够依靠肩部和颈部的力量，抬起头来。
- **行为反射：** 宝宝是否能够集中注意力、注视他人、对喜欢的物体追视。
- **原始反射：** 例如觅食反射、握持反射、拥抱反射，这是检测大脑发育的一个指标。

宝宝发育不达标怎么办？

日期 MON

日期 TUE

日期 WED

日期 THU

日期 FRI

日期 SAT

日期 SUN

3种原始反射

宝宝出生后即出现一些原始反射，随着成长发育而逐渐消失。

- 觅食反射：当宝宝面颊触到妈妈乳房时，即可出现寻觅乳头的动作；用手指抚弄宝宝面颊时，他 / 她的头也会转向刺激方向。
- 握持反射：妈妈可将手指置入宝宝手心，轻压其手掌，他 / 她会紧紧抓住妈妈的手指。
- 拥抱反射：新生儿仰卧位，妈妈从背部托起宝宝，一手托住宝宝颈及背部，另一手托着枕部，然后托住枕部的手突然下移数厘米（不是放手）使宝宝头及颈部“后倾”数厘米。正常可见宝宝两上肢外展并伸直，手指张开，然后上肢屈曲回缩呈拥抱状，称为拥抱反射。

我的宝宝什么样？

本周起，多半宝宝已经能够把父母和其他陌生人区别开来了，当他 / 她看见爸妈时，脸上会立刻绽露出笑容；宝宝对周围的环境更加敏感了；还会把小手举在眼前，好奇地凝视把玩，或者把小手送到嘴里去吸吮。

本周关注：

安全洗澡小方法

准备工作

为避免宝宝烫伤，妈妈在浴盆内先放冷水，再放热水，然后用腕部或温度计测试水温，以 38℃ ~ 39℃为宜；浴室温度调节在 25℃ ~ 30℃之间。

洗头洗脸

脱去宝宝衣服，只留下尿布，用毛巾裹好宝宝身体；妈妈左臂夹住宝宝身体，左手托稳宝宝头部，右手用温湿棉球或纱布巾清洁宝宝眼睛、鼻子等部位。妈妈左手拇指及食指护住宝宝耳孔，防止水流入；右手为宝宝轻柔洗头并擦干。

沐浴身体

妈妈解开宝宝尿布，清除宝宝臀部残留的排泄物；用左手前臂垫在宝宝颈后，右手搂住宝宝身体，将其放在浴盆里的托架上，以防滑入水中；由上而下先后清洁宝宝的身体前部、会阴部、四肢，再洗背部和臀部，肛门周围要注意洗净。

护理穿衣

为宝宝沐浴后要擦干全身，为防红屁股，每次换尿布或洗澡后可涂些护臀膏，然后包上尿布，穿好衣服。

洗澡小贴士

宝宝成长第 7 周

日期　　　　MON

日期　　　　TUE

日期　　　　WED

日期　　　　THU

日期 FRI

日期 SAT

日期 SUN

用声音和宝宝交流

- 宝宝会不时以尖叫或是放声大笑来表达他的感受，此时，妈妈应该模仿宝宝的声音来回应他 / 她，和他 / 她互动交流。
- 妈妈也可以试着向宝宝描述每天生活中有趣的点点滴滴；还可以为宝宝吟唱摇篮曲或挑选播放适合宝宝聆听的音乐（扫“**移动阅读**”二维码，听妈咪 Jane 推荐的宝宝催眠曲）。

我的宝宝什么样？

宝宝马上就要满 2 个月了，现在他 / 她每天清醒的时间比第一个月要长；到 2 个月末时，一些宝宝已经可以竖抱，但必须给予宝宝颈部和头部以稳定的支撑；更多的宝宝俯卧时头可抬离床面。

本周关注：

宝宝便秘怎么办？

宝宝是否便秘不是看两次排便间隔时间长短，而是看大便的性状和宝宝的状态。只要宝宝的大便不干、量正常，进食、全身状态以及体重增加等均无异常，没有腹胀、呕吐、食欲减退等症状，就不必担心。有的纯母乳喂养的宝宝几天不拉大便，有可能是攒肚现象。只要排便过程不是十分费力，大便形状不干结就属于正常情况。

如果宝宝食欲减退，腹部胀满、腹痛，排便时哭闹、费劲，大便总量少、干燥，甚至表面带血，即提示有便秘发生。

便秘多见于配方奶喂养的宝宝，对于还不能食用蔬果的宝宝，妈妈们可以尝试以下办法：

让宝宝多做运动

宝宝还不会爬，可以让其仰面平躺。妈妈握住宝宝的两腿，缓缓地帮助宝宝做“踩脚踏车”的运动。这样的被动操也能帮助宝宝缓解便秘。

按摩宝宝腹部

四指并拢围绕宝宝肚脐顺时针按摩其腹部，刺激肠蠕动。

滋润肛门处皮肤

宝宝便秘的痛苦之一是引起肛门口娇嫩的皮肤组织破损，严重时还会出现肛裂。这时，需要在宝宝的肛门处涂点滋润的甘油，帮助伤口愈合，减少摩擦引起的疼痛。

提醒：若宝宝经常需要在外界刺激后才排便，要尽早就诊。

小宝宝便秘怎么办？

宝宝成长第8周

日期 MON

日期 TUE

日期 WED

日期 THU

日期 FRI

日期 SAT

日期 SUN

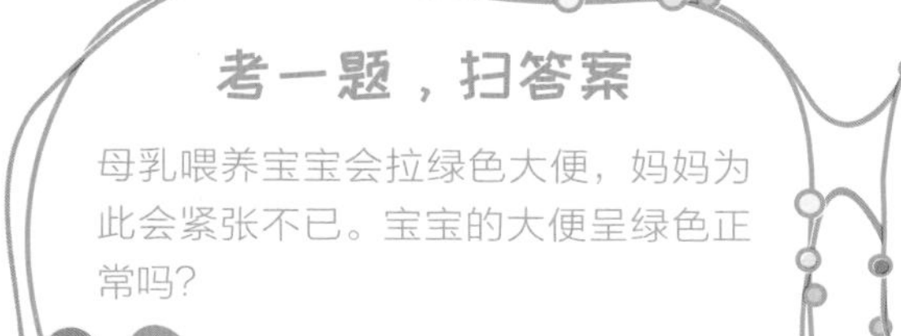

宝宝能分辨他 / 她熟悉的声音了

- 虽然宝宝现在还不能开口表达，但已经能意识到谁在和自己说话了。听到熟悉的声音他 / 她会转动脑袋去寻找声音的来源，还会观察说话人的嘴巴，看声音是如何发出的。
- 随着年龄增长听力问题会随时发生，即使宝宝已经通过了早前的听力测试，也不能保证不出现新问题。一旦有新状况发生，应尽快联系医生。

我的宝宝什么样?

宝宝刚出生时，其视觉皮层神经细胞还没有发育成熟，但可以区别亮度，所以宝宝对黑白两色特别感兴趣；眼睛的最佳焦距是20～30厘米。现在宝宝已经2个多月了，视野明显扩大，并逐步有了对色彩的感受力，喜欢看颜色鲜艳的东西；已经能认识熟悉的面孔，妈妈、爸爸的声音会让宝宝感到亲切和愉快。

本周关注:

宝宝的动作发育

给宝宝做被动体操

宝宝处于清醒状态时，妈妈可以给宝宝做四肢被动体操。妈妈将宝宝置于婴儿垫上，双手轻轻握住宝宝的手或脚，和着音节节拍做四肢运动，使宝宝感到舒适、愉快。

训练宝宝左右转头

妈妈将宝宝抱在身上，让他/她的脸向着前方，爸爸在宝宝的背后忽左忽右地伸头、摇铃或呼唤宝宝的名字，逗引他/她左右转头，以增强颈部肌肉的控制力。

强化宝宝抓握练习

- 妈妈按摩宝宝小手的同时，把手指放在他/她的手心上，训练宝宝握妈妈手指。
- 等到宝宝3～4个月时，妈妈可以经常用手勾住他/她的手指，有规律地轻轻拉动。妈妈还可以给宝宝准备一些适合抓握的物品或玩具等，或让宝宝摸摸妈妈的脸，以发展宝宝的触觉。

提醒：宝宝尝试翻身了

宝宝变得越发活泼好动了，开始尝试转动身体或是可以躺着翻身。因此，千万不可以将宝宝单独留在床上或较高的地方，好动的宝宝随时都可能翻滚跌落，造成意外甚至惨剧。

协助宝宝锻炼

日期 MON

日期 TUE

日期 WED

日期 THU

日期 FRI

日期 SAT

日期 SUN

满2个月宝宝发育指标

- 体重：男婴约 4.4 ~ 7.0 千克；女婴约 4.0 ~ 6.6 千克
- 身长：男婴约 54.8 ~ 62.3 厘米；女婴约 53.3 ~ 61.0 厘米
- 头围：男婴约 37.0 ~ 41.4 厘米；女婴约 36.0 ~ 40.6 厘米

我的宝宝什么样?

宝宝颈部的肌肉日益有力，当他/她趴在床上时可以把头抬起来坚持一会儿了；更多的宝宝可被妈妈托着脖子竖抱了；宝宝的大部分原始反射性动作开始消失，取而代之的是较熟练的自主运动；他/她还特别喜欢吮吸手指。

本周关注:

让宝宝享受更多肌肤触摸

触摸是宝宝成长发育的关键部分。在宝宝哭闹不安时，触摸肌肤有助于安抚安慰他/她。妈妈可以轻轻地对宝宝的脸吹气，或是温柔地抚摸宝宝，亲吻小鼻子，这些都会有效地松弛宝宝的神经，加强他/她的反应力，并延长其注意力。还可以让宝宝接触各种不同质地的面料，如毛皮、毡子、毛巾等，以丰富宝宝的触觉感知力。

Tips：婴儿抚触操

准备：妈妈剪短指甲，洗净双手，在掌心倒一些婴儿润肤油，轻轻按摩以温暖滋润双手。

- 脸部抚触：从婴儿前额中心处开始，用双手拇指轻轻往外推压。然后依次是眉头、眼窝、人中、下巴。
- 胸部抚触：双手放在宝宝的两侧肋缘，右手向上滑向宝宝右肩，复原；左手，方法同前。
- 手臂抚触：双手先捏住宝宝的一只胳膊，从上臂到手腕轻轻挤捏，再按摩小手掌和每个小手指。换手，方法同前。
- 腹部抚触：在宝宝腹部以顺时针方向按摩（注意：在脐痂未脱落前不要进行这个按摩动作）。
- 腿部抚触：从宝宝的大腿开始轻轻挤捏至膝、小腿，然后按摩脚踝、小脚及脚趾。
- 背部抚触：让宝宝俯卧，妈妈双手从其颈部顺着脊柱向下按摩，再用双手指尖轻轻从脊柱向两侧按摩。

让宝宝享受更多肌肤触摸

日期 MON

日期 TUE

日期 WED

日期 THU

日期 FRI

日期 SAT

日期 SUN

考一题，扫答案

听说等宝宝出牙了再做口腔清洁也不晚。目前宝宝还没长牙，就不用专门清洁口腔了吗？

移动阅读

扫答案

宝宝的口水流个不停

现在宝宝开始喜欢舔舔啃啃他 / 她能拿到的任何物件，啃咬时牙龈受到刺激，引起神经反射作用，刺激唾液分泌而使口水增多。可是宝宝的口腔浅，吞咽功能差，又不会把多余的口水及时吞咽下去或贮存在口腔中，过多的口水就会顺着嘴角流出来。这是正常的生理现象，不是病态。所以当宝宝的口水流个不停时，并不一定代表他 / 她正在出牙。大多数宝宝在 4 ～ 7 个月大时才长出第一颗牙齿。

我的宝宝什么样？

宝宝一般哭闹声会明显减少，妈妈会越来越多地听到他咿咿呀呀地发音。现在宝宝喜欢听欢快的音乐，听强烈的、有刺激的声音会感到不安（扫“**移动阅读**”二维码，听妈咪 Jane 推荐的适合宝宝听的音乐）。

本周关注：

固定宝宝睡前作息规律

为宝宝设计一套较固定的睡前活动

• 为宝宝洗个温水澡、按摩、换上睡衣，让宝宝享受肌肤之亲。

• 将宝宝放入婴儿床，轻轻哼唱歌曲或播放摇篮曲，让宝宝慢慢进入安静的睡眠状态。

• 把卧室的灯调暗，但不能完全黑暗，因为柔和的灯光让宝宝有安全感。

等宝宝稍大一点后，还可加入以下活动

• 给宝宝选择一个固定的安抚陪伴玩具，在睡前给他 / 她，久而久之宝宝见到这个玩伴就会想抱着它上床睡觉。

• 带宝宝在房间里四处走动，让他 / 她和家里其他成员分别道晚安，由此提示他该睡觉了。

• 给宝宝讲睡前故事，固定听一首睡前音乐。

• 把宝宝放在婴儿床里，亲吻宝宝，对他 / 她说晚安，让他 / 她养成习惯：回到自己的婴儿床就该睡觉了。

固定宝宝的
睡前作息规律

日期 MON

日期 TUE

日期 WED

日期 THU

日期　　　　　　FRI

日期　　　　　　SAT

日期　　　　　　SUN

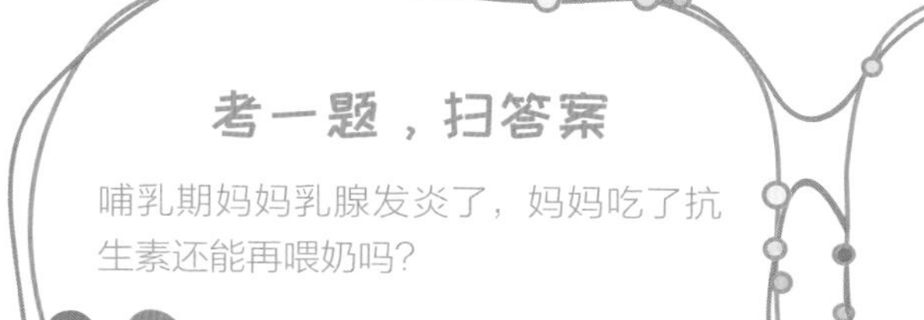

移动阅读

扫答案

协助宝宝锻炼

- 当宝宝俯卧时，他 / 她已能够抬头挺胸，就像正在做小幅度的俯卧撑。这时，妈妈可以坐在他 / 她身前摇动玩具，鼓励他 / 她多做几个俯卧撑。
- 为宝宝提供足够的空间，让他 / 她伸展手臂和腿脚，拉伸和增强他 / 她全身各部位的肌肉。

我的宝宝什么样？

大多数宝宝现在还需要在父母的帮助下学习翻身，少数宝宝已经能够从俯卧姿势自行翻身到仰卧。许多宝宝已经可以俯卧抬头 45° 甚至 90° 了。

本周关注：

培养宝宝的语言能力

本月龄的宝宝已能发出较多的自发音，父母可利用这个机会培养宝宝发音，在宝宝情绪愉快时多与宝宝说笑。

用手指在宝宝嘴上轻拍，让宝宝发出“哇、哇、哇”的声音，也可以将宝宝的手放在妈妈的嘴上，拍出“哇、哇、哇”的声音。这些都可以作为宝宝发音的基本训练。

与宝宝进行语言交流时，要面对面说话，发音口型要准确，声音要轻柔而清晰。

哭与笑的能力

• 2 ~ 3 个月的宝宝被逗引时可微笑，这是天真快乐的反应，是宝宝与人交往的第一步，也是心理发育的基石。

• 哭与笑一样，宝宝的一些需求通过哭反馈给妈妈，也是与父母交流的一种方式。哭的动作能增加肺活量，眼泪能冲刷掉眼内的分泌物；眼泪中含有杀菌物质，可防止眼部感染。啼哭时的手舞足蹈，相当于体育运动。仔细观察并掌握宝宝哭或笑的规律，在满足宝宝情感需要的基础上，开始训练宝宝的作息习惯。

宝宝跟妈妈读：
皮球——

宝宝成长第 12 周

日期　MON

日期　TUE

日期　WED

日期　THU

日期 FRI

日期 SAT

日期 SUN

考一题，扫答案

患佝偻病是因为缺乏维生素 D，而不是因为缺钙导致的吗？两者到底需要补哪个？

移动阅读

扫答案

让宝宝结识更多朋友

- 此时宝宝开始表现出对别的同龄孩子或成年人有兴趣了，所以现在是向宝宝介绍新保姆或会经常照顾他 / 她的亲友的好时候。
- 一般情况下，宝宝会较喜欢和自己身高相似、性格外向的小朋友一起玩。因为这样的小朋友在体型上对宝宝没有压迫感，而他们的活泼好动最能引起宝宝的好奇。创造机会让宝宝与其他小朋友一起玩乐是培养开朗性格的一部分。

我的宝宝什么样？

宝宝满 3 个月了，体重大约是出生时的两倍。宝宝日常生活已有一定的规律。有的宝宝已可以一觉睡到天亮了，而吃母乳的宝宝夜间仍需喂奶的情况则比较常见。

本周关注：

为宝宝选对玩具

新生儿出生后就有情绪和情感表现，用哭声来表示自己的需求；2 个月会通过微笑分享快乐，3 个月后会大笑或用响亮尖叫来表达快乐……所以，此时可为宝宝选择适宜的情感功能玩具。

愉悦心情

可以选择能够愉悦宝宝心情的拨浪鼓、花铃棒、拉绳音乐盒等摇响玩具和音乐玩具。

调节睡眠

可以选择有助睡眠、舒缓情绪、柔软安全的安抚玩具（磨牙牙胶、动物造型口水巾等）。

增加洗澡乐趣

可以选择增加宝宝洗澡乐趣的浴室玩具，帮助宝宝认识自己和家人、培养社会情感的家庭相册。

增进安全感

可以观察镜中“小伙伴”，增进宝宝对他人、对周围环境信任感和安全感的小镜子等。

Tips：高科技玩具不是电子“保姆”

许多电子产品是宝宝的"视力杀手"，宝宝弱视的现象越来越普遍，与使用电子产品不当有很大关系。为保护视力，不建议 0 ~ 2 岁的宝宝使用电子产品，家长应多和宝宝交流、玩玩具、做游戏，阅读有趣的绘本，或带宝宝亲近自然。

宝宝长大了，

喜欢更精巧的新玩具

日期　　　　MON

日期　　　　TUE

日期　　　　WED

日期　　　　THU

日期　　　　　　FRI

日期　　　　　　SAT

日期　　　　　　SUN

考一题，扫答案

宝宝感冒时鼻子不通气会影响到睡眠和吃奶，可以使用滴鼻液来帮助宝宝鼻子快速通气吗？

移动阅读

扫答案

满3个月宝宝发育指标

体重：男婴约5.1～7.9千克；女婴约4.6～7.4千克
身长：男婴约57.6～65.3厘米；女婴约55.9～63.8厘米
头围：男婴约38.3～42.8厘米；女婴约37.2～41.9厘米

我的宝宝什么样?

现在，大部分宝宝的后囟已经闭合了（部分宝宝出生时后囟就闭合了，说明软骨已经变硬成为骨骼，而前囟大约在出生后 12 ~ 18 个月闭合）。而且，许多宝宝夜里连续睡眠的时间会延长，并且在白天会有固定小睡的习惯。

本周关注:

锻炼宝宝的腿力及抓物能力

- 随着髋关节和膝关节发育得更灵活更强壮，宝宝的腿力也增强不少。可以从腋下扶住宝宝，使他 / 她保持直立姿势，脚触碰地面，此时他 / 她会向下踹脚并用力向上蹬腿。
- 宝宝会用手去触碰在他 / 她面前摇晃的玩具，可以在宝宝周围放一些有趣而安全的玩具，比如轻质的拨浪鼓、硅胶等安全材质制成的小玩具、可以啃咬的牙胶环或布书等，来吸引和训练宝宝用手掌抓物。

Tips：宝宝怎样学翻滚?

- 翻身练习选择在两次喂奶中间，宝宝清醒且心情愉悦的时候。
- 将宝宝放在床上，取仰卧位，宝宝衣服不要穿太厚。
- 在宝宝一侧放一个玩具，逗他 / 她翻身去抓。
- 握住宝宝的一侧手臂，另一只手触碰宝宝背后，把他 / 她身体引向玩具一侧，帮他 / 她练习。
- 当宝宝翻身后，身体呈俯卧位，他 / 她会吃力地抬头，并左顾右盼，还不时地用肘部支撑前胸。宝宝从中体验到快乐，并发出“嗯嗯”的声音，以示他 / 她在努力学习。
- 每次翻身成功，妈妈都要及时为宝宝喝彩并给予亲吻奖励。

锻炼宝宝的腿力
及抓物能力

宝宝成长第 14 周

日期　　MON

日期　　TUE

日期　　WED

日期　　THU

日期　　FRI

日期　　SAT

日期　　SUN

考一题，扫答案

很多1岁内宝宝都有“吃手指”的“毛病”，对于这一行为，家长应如何处理？

移动阅读

扫答案

护理“口水宝宝”

- 随时用质地柔软、吸水性强的手帕轻轻擦干宝宝外溢的口水。
- 常用温水清洗宝宝口水浸溢处，然后用高纯度的凡士林涂在被浸溢发红处，以免皮肤破损，最后用宝宝专用面霜涂抹整脸。
- 如果宝宝皮肤出现疹子或糜烂，最好去医院诊治。
- 如果宝宝口水流得特别严重，就要去医院检查，看看宝宝口腔内有无异常病症、吞咽功能是否正常等。

我的宝宝什么样？

宝宝满100天了，不再“笑不出声”！现在，爸爸妈妈可以经常听到宝宝的笑声了。他/她还会牙牙学语并控制自己的声音，就好像在与人交流。当你与他/她“聊天”时，宝宝常会发出快乐兴奋的声音，试图模仿不同的音调。

本周关注：

宝宝厌奶怎么办？

4～6个月大的宝宝，常会出现胃口不佳、喝奶量减少的情况，更有一些好奇宝宝，只要周遭有声响、有人走动，就停止吸奶。妈妈如何让宝宝重新爱上吃奶呢？

保持心情轻松，不强迫喂食

妈妈不必过于担心，保持轻松的心情，如果宝宝不想喝奶，不要硬逼，以少量多餐为原则，等宝宝想吃的时候再吃。

营造安静的进食环境

对于听到声音就扭头的好奇宝宝，营造一个安静良好的进食环境是十分有效的办法。可以考虑把电视关闭，轻柔地讲话，如果家里有客人过于嘈杂，可带宝宝到温暖安静的小房间喂奶。

拉长两顿奶的间隔，让宝宝有饥饿感

使用这一招的时候要注意，不要间隔太久，以免宝宝因为过于饥饿而哭闹不休，他/她想吃的时候就让他/她吃吧。

增加宝宝的运动量

可以带宝宝做些体能训练，如翻身、拉坐等，也可以背着宝宝或推着推车带宝宝去散步……运动量增大，胃口自然随之而来，宝宝是不会饿着自己的，到时不想让他吃都难。

严格按照比例冲调奶粉

如是人工喂养，不能人为地把奶粉调厚，过量喂哺会引起消化不良。

让宝宝从自娱自乐
开始发现自己

日期 MON

日期 TUE

日期 WED

日期 THU

日期 FRI

日期 SAT

日期 SUN

考一题，扫答案

小婴儿后脑勺头发缺了很多，听说枕秃是缺钙导致的，需要额外补充钙剂吗？

移动阅读

扫答案

让宝宝从自娱自乐开始发现自己

越来越活络的宝宝会想出各种方法来自娱自乐，建议妈妈为宝宝创造更多触摸自己的机会：

- 夏天：适当延长洗澡时间，让宝宝自由自在地触碰自己的身体，为宝宝准备一些婴幼儿洗澡玩具。
- 冬天：给宝宝穿着轻便易动的衣物，把宝宝的手脚留在被子外，让手脚自由活动。
- 用背带背着孩子出门，这时宝宝最爱舞动四肢，积极探视周围的新鲜事物。

我的宝宝什么样？

宝宝已明显地感受到他/她的行为可能产生某些后果，比如大声哭泣后妈妈会抱，这说明宝宝现在已经有了行为意识，开始有意识地观察事物，因此父母可逐步培养宝宝的观察力，让他/她多看、多听、多摸、多嗅、多尝、多玩。

本周关注：

如何让宝宝喊爸爸妈妈？

现在约有半数的宝宝已明显表现出能够认出父母，并且可以判断不同人的身份了。当他/她听到父母的声音时，会直视父母，并试图用咿呀儿语回应。因此，当宝宝醒着的时候，父母应多与宝宝在一起，让他/她意识到自己与父母是十分亲密的。

宝宝开始发出一些模糊的语音，这时父母可以用一个发音相似但有实际意义的词来回应。比如，当宝宝发出“吗——”、“吧——”的时候，妈妈可以说，“是的，我是妈妈”，并配以手势表示谁是妈妈和爸爸。过不多久，宝宝便会正确地发出妈妈爸爸的语音，并将“妈妈”和“爸爸”与自己的双亲联系起来。

也可以经常与宝宝做玩具传递游戏，让宝宝把玩具传给“妈妈”，一来二去宝宝就记住了“妈妈”。

Tips：尽量少用或不用儿化语

有一些大人在听到刚会说话的宝宝说出儿语时，会觉得很好玩，不由自主地学宝宝的样，也用儿语来同宝宝说话，这是不可取的：

- 会拖延宝宝说完整话的时间。
- 不利于宝宝智力发展。
- 宝宝始终“长不大”。
- 影响宝宝和同伴交流。

如何让宝宝喊爸爸妈妈？

宝宝成长第16周

日期　　MON

日期　　TUE

日期　　WED

日期　　THU

日期 FRI

日期 SAT

日期 SUN

考一题，扫答案

纯母乳喂养宝宝吃完奶没多久又找奶吃，这是吃不饱的表现，还是得给宝宝添奶粉才行？

移动阅读

扫答案

给宝宝来一场“日光浴”

- 一般孩子满月以后，即可常抱出户外晒太阳。时间以上午 9 ~ 10 时为宜，此时阳光中的红外线强，紫外线偏弱，可以促进新陈代谢；下午 4 ~ 5 时紫外线中的 X 光束成分多，可以促进肠道对钙、磷的吸收，增强体质，促进骨骼正常钙化。
- 需要强调的是，不管是哪个季节，在上午 10 时 ~ 下午 4 时，最忌长时间晒太阳，因为这个时段阳光中的紫外线最强，会对皮肤造成伤害。
- 每次晒太阳时间的长短随婴儿年龄大小而定，要循序渐进，可由十几分钟逐渐增加至 1 ~ 2 小时，或每次 15 ~ 30 分钟，每天数次；也可晒一会儿到阴凉处休息一会儿。
- 选择室外避风之处，遮盖好宝宝的眼睛，或戴上有沿的白布帽。
- 宝宝空腹和刚进食后不宜日光浴。

我的宝宝什么样？

宝宝满 4 个月了，俯卧抬头很稳，并能自由转动；视觉功能比较完善，能区分远近物体，也能扫视物体并寻找熟悉的人或事物，并在头脑中产生熟悉的人（物）形象。

本周关注：

让宝宝辨识更多的颜色

宝宝刚出生时，对黑白两色感兴趣；随着月龄增加，逐步对色彩有了更强的感受力，但还不能区分相近的颜色。

4 个月开始，宝宝进入了彩色世界，对鲜艳的颜色非常敏感，喜欢红、橙、黄等暖色调的颜色，特别是对红色的物品最感兴趣。而到了 18 周，宝宝就已经可以区别同一色组内相近的颜色了。

Tips：培养宝宝的色彩感知度

可以为宝宝选购色彩层次丰富的布书、玩具或是衣物，让他 / 她观察色彩，记忆颜色的名字。

可以在宝宝的居室里贴上一些色彩调和的图画，摆放一些色彩鲜艳的彩球、玩具等，充分利用色彩对宝宝进行视觉刺激。

当宝宝盯着某种颜色或物品目不转睛时，妈妈可以指着这些物件对宝宝说，“这是红苹果”，“这是黄香蕉”，加深宝宝对颜色的感知。

怎样让宝宝辨识更多的颜色

宝宝成长第 17 周

日期 MON

日期 TUE

日期 WED

日期 THU

日期 FRI

日期 SAT

日期 SUN

考一题，扫答案

用安全背袋可让妈妈“解放”怀抱婴儿的双手，但老人说不能用背带，会让孩子的腿变成罗圈腿，真的会这样吗？

移动阅读

扫答案

满 4 月龄宝宝发育指标

- 体重：男婴约 5.7 ~ 8.7 千克；女婴约 5.1 ~ 8.1 千克
- 身长：男婴约 60.1 ~ 67.9 厘米；女婴约 58.1 ~ 66.3 厘米
- 头围：男婴约 39.4 ~ 43.9 厘米；女婴约 38.2 ~ 43.0 厘米

我的宝宝什么样？

宝宝刚出生时，比较喜欢旋律简单、曲调柔和的音乐，如钢琴曲、竖琴曲及旋律轻缓的童声合唱等。现在，宝宝能够欣赏的音乐类型又多了。可以考虑为他 / 她播放一些旋律优美，但乐器较多一点的音乐了，如缓和的室内乐等。切记要把音量控制在适当的范围内，节奏不宜激烈，尤其不能让宝宝用耳机听音乐，以免影响他的听力发育（扫“**移动阅读**”二维码，听妈咪 Jane 推荐的适合宝宝听的音乐）。

本周关注：

宝宝学会新本领

叫名字，宝宝会回头

带宝宝和其他小朋友玩耍，过程中，父母先叫其他小朋友的名字，看宝宝有无反应，然后再说自己宝宝的名字，看他 / 她是否回头。切记要用固定的名字呼唤宝宝。

用眼睛找玩具

让会响的玩具从宝宝眼前落地，发出声音，看看他 / 她是否用眼睛追视，伸头或转身寻找。如果能追寻，可继续用不发声的毛绒玩具尝试，看宝宝是否还能追寻。

听懂物名

父母可以一手拿玩具或者布书，另一手抓着宝宝的手指去触摸；父母口中发出声音，比如“这是小羊，那是小狗”。

听音辨方向

大人轻摇小铃铛，先引起宝宝的注意，然后走到宝宝视线以外的地方，在身体一侧摇铃，同时问宝宝：“铃铛在哪里呢？”逗引他 / 她去寻找。

模仿发音

与宝宝面对面，用愉快的语气和表情发出“mā—mā”、“bā—bā”等重复音节，吸引宝宝观察父母的口形，每发一个重复音节应停顿一下给宝宝模仿的机会。

睡眠音乐的选择

日期 MON

日期 TUE

日期 WED

日期 THU

日期　　　　FRI

日期　　　　SAT

日期　　　　SUN

婴幼儿每日奶摄入量

宝宝的食量一天天增加，可以适当地增加每次喂食的分量，相对减少喂食的次数，但千万不能让宝宝挨饿。

- 宝宝 4 ~ 6 月龄奶量：800 ~ 1,000 毫升 / 日；
- 宝宝 7 ~ 9 月龄奶量：800 毫升 / 日；
- 宝宝 10 ~ 12 月龄奶量：600 ~ 800 毫升 / 日；
- 宝宝 12 个月以上奶量：600 毫升 / 日。

备注：

- 美国等北美国家推荐 4 ~ 12 月龄的婴儿奶量为 800 毫升 / 日左右。
- 宝宝满 6 个月以后，开始添加辅食，奶量有所下降，但饮食总量在逐渐增加。

我的宝宝什么样？

宝宝的脊柱正在发育伸直，在本周前后，宝宝就已经能感知你用手拉他 / 她的方向了。宝宝会聪明地“借力”，可屈肘用力并随着你的拉力而挺立起来。

本周关注：

宝宝安全学坐小贴士

妈妈可以把宝宝放在平稳的沙发一角或是自己的双腿上，然后拉起他 / 她的小手，直到宝宝可以独立坐起。

避免让宝宝独自坐着

此阶段宝宝还不能坐得很稳当，稍不留神，就会因失去重心而跌倒。要有专人照看宝宝，让宝宝在装有安全围栏的空间里坐、爬、躺，并铺上婴幼儿专用地垫，避免宝宝滑倒或跌落，弄伤脊椎。

让宝宝远离危险物品

不要在宝宝周围放置有棱角的硬质玩具或父母的书刊读物，避免伤到宝宝。更要避免厚重的垫子和枕头，以防宝宝坐不稳跌倒时，被垫子或枕头堵塞嘴鼻导致窒息。

经常为宝宝调整坐姿

虽然宝宝能够自己坐着了，但长时间独坐仍会让他 / 她感到无聊。

宝宝学坐小贴士

日期 MON

日期 TUE

日期 WED

日期 THU

日期 FRI

日期 SAT

日期 SUN

考一题，扫答案

宝宝容易在半夜醒来，这让妈妈很苦恼！如果白天不让宝宝睡，晚上他 / 她应该会睡得更好吧？

移动阅读

扫答案

夜间叫醒孩子把尿危害大

如果妈妈在夜间叫醒孩子把尿，会让孩子持续睡眠中断，使得孩子后半夜不能很快进入到深睡眠阶段，一旦深睡眠的时间缩短，势必会影响生长激素和褪黑素的分泌，进而妨碍孩子的生长发育。

我的宝宝什么样？

用真正的语言和宝宝交流：在各种声音中，宝宝对自己的名字最为敏感。虽然他 / 她现在并不能完全听明白，但对妈妈的表情和情绪会有非常直接的感受。妈妈和宝宝说话时，最好靠近宝宝，让他 / 她能清楚地看到你，尽量以不同的语调来表达不同的意思，尽早开发宝宝的听力和语言能力。

本周关注：

如何引发宝宝的好奇心？

引导宝宝在日常生活中接触和感受各种事物，以培养他的好奇心：

把干净的空奶瓶放在宝宝手里让他 / 她观察

如果宝宝把奶瓶扔到地上，父母应该用最温柔的方式告诉他 / 她这是不对的，然后鼓励他 / 她继续原来没有完成的观察。

让宝宝观察父母的日常生活

因为爸爸妈妈是宝宝最亲近的人，他 / 她会非常认真地观察爸爸妈妈平时都在干什么，并开始模仿和学习。

多带宝宝外出走走、亲近自然

这对促进宝宝的想象力非常重要。建议在外出时使用婴儿背袋，防止因家长意外跌倒、碰撞而令宝宝受伤。

建立小朋友圈

从现在开始为宝宝找几个年龄相仿、可以经常往来走动的小朋友，随着年龄的增长，他们会发展出友谊，并互相影响。

引发宝宝好奇心

日期 MON

日期 TUE

日期 WED

日期 THU

日期 FRI

日期 SAT

日期 SUN

考一题，扫答案

宝宝的皮肤娇嫩，烈日下容易被阳光中的紫外线灼伤。那么，宝宝多大可以使用防晒霜呢？

移动阅读

扫答案

要给宝宝使用安抚奶嘴吗?

吮吸是婴幼儿成长过程中必不可少的生理和心理需求。当妈妈不能陪伴宝宝时，安抚奶嘴可以代替妈妈在生理及心理上满足宝宝吮吸的需要，安抚其烦躁的心情。新生儿容易把安抚奶嘴当作妈妈的乳头，因此最好的使用时间是在满月后。当宝宝满周岁或开始出牙后，应尽量不使用，两岁后则必须戒除。

我的宝宝什么样？

现在的宝宝已能较清晰地表达他 / 她的情感了： 他 / 她会主动伸出小手，示意妈妈去抱他 / 她；当他 / 她在妈妈怀中时，又会主动拥抱或亲吻妈妈，表达喜悦之情；感到恐惧和不满时，他 / 她更会用哭声来“通知”妈妈。

本周关注：

帮助宝宝克服焦虑

宝宝对周围人，尤其是妈妈的情绪特别敏感，因此妈妈应避免把自己的负面情绪带到宝宝的环境里来。妈妈应多拥抱、亲吻宝宝，用微笑和爱抚等亲密的动作来告诉他 / 她：妈妈爱你。

现阶段，宝宝会对陌生环境和人表现出焦虑，甚至会害怕大哭。这是其情感发展的第一个重要的阶段性标志。妈妈不用太担心，只需做到以下几点：

- 在接触陌生的环境和人之前，要为宝宝预先做好解释。
- 如果宝宝哭闹，要及时安抚宝宝的情绪，或带他 / 她离开让他 / 她不安的环境。
- 循序渐进地让宝宝适应陌生的环境和人。

走进宝宝的内心世界

宝宝成长第 21 周

日期 MON

日期 TUE

日期 WED

日期 THU

日期 FRI

日期 SAT

日期 SUN

考一题，扫答案

夏天宝宝易长痱子，但听说爽身粉或痱子粉不利于祛痱，所以应尽量少给宝宝使用，这种说法对吗？

移动阅读

扫答案

宝宝越来越调皮好动

现在宝宝越来越好动，妈妈操心的事情也越来越多。他 / 她不愿意安安分分地躺着，经常很熟练地从仰卧位翻身到俯卧位，累了会用双臂支撑头部。他 / 她还会一边听周围的声音，一边练习“说话”。

我的宝宝什么样？

当宝宝和家人一起出门购物时，可能会因异常兴奋或觉得无聊而吵闹。妈妈可以预先准备适合婴幼儿的读物和适合坐在车里玩的玩具；最重要的是与宝宝保持交流互动，在宝宝感到无聊时把他/她的注意力引向新的兴奋点。

本周关注：

宝宝为什么总醒得那么早

宝宝是“早起的鸟儿”，一般早上 5 点左右就醒了，但妈妈却还想睡，建议可用以下方法逐渐推迟宝宝早醒的时间：

- 拉上厚质的窗帘，避免早晨阳光照亮卧室。
- 为宝宝选择较安静的卧室，避免嘈杂。
- 尝试让宝宝晚睡 10 分钟，但最晚不能晚过 20:30。
- 3 ~ 6 个月的宝宝每天睡眠的时间为 14 ~ 16 小时，其中白天小睡 2 ~ 3 次，每次时间控制在 1 个小时左右。如果宝宝白天睡得太多，可适当减少他 / 她在白天的睡眠，但如果睡得太少，也会让白天过于疲劳的宝宝在晚上更闹夜。
- 适当延迟宝宝吃早饭的时间。
- 在宝宝的床上放些安全的填充玩具，宝宝醒来时，就不会大叫大嚷吵醒妈妈了。

提醒：切忌放长毛绒或体积过大的填充玩具，以免堵塞宝宝鼻嘴，导致窒息。

让宝宝在购物时保持安静

日期 MON

日期 TUE

日期 WED

日期 THU

日期 FRI

日期 SAT

日期 SUN

考一题，扫答案

宝宝被蚊子叮咬后皮肤常常会起包，这时立即喷花露水，可有效消肿止痒，对吗？

移动阅读

扫答案

如果孩子过分“乖”，当心有问题！

父母亲往往比较喜欢安静的宝宝，因为这种宝宝带起来可省力一点。但是有些宝宝特别“乖”，躺在那里可以整天一声不响，甚至尿布湿了、肚子饿了，也不哭、不吵，仔细观察可以发现他们的动作发育和语言发育都比同年龄的宝宝要慢一些。一旦有这方面的迹象，应及时去医院做发育方面的检查，以便尽早查明原因，及时治疗。

我的宝宝什么样？

5 ~ 6 个月以后的婴儿喜欢把手或者拿到的任何东西往嘴里塞，他 / 她从吸吮、吞咽、咀嚼等口腔活动中获得对基本需要的满足，因而口腔周围的区域成为快感的中心。

本周关注：

保证宝宝的安全

宝宝的头颈和手臂愈发强壮，开始喜欢翻身或是在地板上到处乱爬，这其实是宝宝主动探索外部世界的开始。妈妈需要提高警惕，保证宝宝安全。

- 帮宝宝换尿片时，一定用手按着或扶着宝宝，以免宝宝从高处翻滚下来。
- 当宝宝在床上或其他较高的地方玩耍时，一定要保证有专人在附近照看。
- 为宝宝使用的家具安装上安全护栏。
- 宝宝的睡眠安全：

• 婴儿床边栏之间的间隙不能大于 6.5 厘米，过大的距离会使宝宝陷在中间。

• 护栏每一侧的末端必须装有保险扣，并确保稳妥地固定好，防止护栏被撞开。

• 护栏必须高出床垫 23 厘米以上，以防宝宝掉出来。

• 床垫必须结实，不要太软，避免当宝宝俯卧时妨碍呼吸。

• 床垫必须与床体的尺寸一致，以防宝宝的手脚被夹在缝隙之间。

• 如果宝宝还不能自如地翻身，或俯卧时还不能够自己挺胸抬头，那么必须清除婴儿床里所有的毛绒玩具。

• 不要使婴儿床靠近火炉或发热体，尽量远离窗帘、下垂的布料或绳线。

怎样保证宝宝的安全

日期 MON

日期 TUE

日期 WED

日期 THU

日期 FRI

日期 SAT

日期 SUN

考一题，扫答案

孩子无法避免发生磕磕碰碰的小意外，如果擦伤出血，应该使用什么消毒方式效果好又安全？

移动阅读

扫答案

宝宝从床上摔落会不会受伤？

如果宝宝立刻大哭起来，几分钟之后就止住哭闹并且恢复如常，面色好，精神也不错，又开始正常玩耍、喝水、吃奶了，那就不用太担心。在接下来的两三天里，如果宝宝有以下症状需立即就医，例如反复呕吐、嗜睡、完全拒绝吃东西等。

我的宝宝吃点啥？

宝宝满 6 个月了，在这个阶段，母乳或配方奶所含热能、蛋白质和其他营养素已不能满足宝宝生长发育所需；同时，宝宝的唾液开始大量分泌，消化酶活性增强，尤其是淀粉酶大量产生，具备了消化淀粉类食品的能力。因此满 6 个月的宝宝要开始循序渐进地添加辅食，满足全面发育的需要。

本周关注：

辅食添加循序渐进

一种到多种

按照宝宝的营养需求和消化能力逐渐增加食物的种类。开始只能给宝宝吃一种与月龄相宜的辅食，尝试 3 ~ 4 天或一周后，如果宝宝的消化情况良好，排便正常，再尝试另一种，千万不能在短时间内同时增加好几种。宝宝如果对某一种食物过敏，在尝试的几天里就能观察出来，一旦过敏立即停止。

从稀到稠

宝宝在开始添加辅食时，都还没有长出牙齿，所以应该先喂泥糊状食品，逐渐过渡到半固体食品，最后发展到固体食物。

从细小到粗大

刚开始宝宝的食物颗粒要细小，口感要嫩滑，锻炼宝宝的吞咽功能。在宝宝快要长牙或正在长牙时，妈妈可把食物的颗粒逐渐做得粗大，利于锻炼咀嚼能力，同时促进宝宝牙齿的生长。

从少量到多量

每次给宝宝添加新的辅食品类时，一天只能喂一次，而且量不要大，以后逐渐增加。

好饿，妈妈又没给我吃饱

日期 MON

日期 TUE

日期 WED

日期 THU

日期 FRI

日期 SAT

日期 SUN

让宝宝愉快进食

给宝宝喂辅食时，首先要营造一个快乐和谐的进食环境，最好选在宝宝清醒和心情愉快的时候喂食。宝宝太困、太吵闹时，或表示不愿吃时，千万不可强迫宝宝进食。

我的宝宝吃点啥？

第一种辅食： 强化米粉是宝宝最容易消化吸收的糊状食品，且添加了铁剂、维生素 C 及各种营养素，是给宝宝进行辅食添加的首选食品。维生素 C 可以帮助铁的吸收，而强化铁能够帮助宝宝预防缺铁性贫血。

本周关注：

不同时期辅食添加品类

宝宝 6 ~ 7 月龄

母乳或配方奶 800 毫升。

泥糊状辅食： 含铁米粉、蔬菜泥、水果泥等；可尝试添加蛋黄泥、鱼泥、虾泥、肝泥。

宝宝 8 ~ 9 月龄

母乳或配方奶 800 毫升。

半固体辅食： 可增加烂面、稠粥、碎菜末等；添加泥状或末状肉（先禽肉后畜肉）、鱼虾、肝等。

宝宝 10 ~ 12 月龄

母乳或配方奶 600 ~ 800 毫升。

软固体辅食： 小饺子、小馄饨、软饭、煮烂的蔬菜等为主的膳食，建议开始让宝宝自己用手拿条状、块状的馒头以及蒸熟的西兰花等。可添加碎状或丁块状鱼虾、鸡鸭肉、红肉（猪肉、牛肉）、肝等动物性食品。

宝宝 12 个月以上

母乳或配方奶 600 毫升。

辅食以固体为主： 鱼、肉、面、饭、切成小段的青菜、切成块的水果等。

注意： 1 岁以内的宝宝不适合吃奶酪，1 岁以上的宝宝也最好选用液态或半固态的奶酪，方便涂抹在面包上或混在蔬菜中。

好多好吃的，该吃哪个
milk

日期 MON

日期 TUE

日期 WED

日期 THU

日期 FRI

日期 SAT

日期 SUN

考一题，扫答案

蛋黄营养丰富，而且做成糊状后宝宝容易吞咽，也是辅食添加的首选食物吗?

移动阅读

扫答案

给宝宝修剪指甲要注意

- 剪好指甲后，务必要把尖角再修剪圆滑，避免此尖角成为抓伤宝宝的“凶器”。
- 妈妈可用自己的手指沿宝宝的指甲边缘摸一圈，进行检查，发现有突出的尖角就及时清除。

我的宝宝吃点啥？

过敏体质宝宝：务必在宝宝满 6 个月后才开始添加辅食，千万不能过早添加；如发生食物过敏，可选用替代食品以避免营养不均衡；使用新鲜的应季食材；现阶段引起过敏的食物随着宝宝成长，有一些到一定时期可能就不致敏了，可以考虑再次添加。

本周关注：

安抚玩具能用吗？

安抚玩具是宝宝学习独立过程中，在生理和心理上的陪伴物，尤其当妈妈不在身边时。这类玩偶通常由纯棉质地的布巾缝制成，带有少量填充物。挑选安抚玩具时一定要注意：

有些 4 ~ 5 个月以内的宝宝还不能自主抬头挺胸，为避免阻碍宝宝呼吸，可以挑选没有填充物的柔软轻薄的布巾类安抚玩具。

对于 5 个月以上的宝宝，其手上大小肌肉发育较好，可以自己抬头拿放物件时，可选择轻薄型、可洗涤的填充玩具。

玩具材质必须不褪色，可啃咬，没有可以被扯下来的小挂件、小装饰等。

哪个才是宝宝最心爱的安抚玩具？

- 宝宝最喜欢抱着入睡的那个玩具就是他 / 她最贴心的安抚伙伴。
- 宝宝非常喜欢用嘴舔或是啃他 / 她最心爱的安抚伙伴，尤其在他 / 她孤独、害怕、不开心时，都会抱着它。
- 宝宝会对它自言自语的玩具一定就是他 / 她的好伙伴。
- 从宝宝身边拿走一件玩具，如果他 / 她为此大声抗议，那个可能就是他 / 她最心爱的安抚伙伴了。

什么叫安抚玩具？

日期 MON

日期 TUE

日期 WED

日期 THU

日期 FRI

日期 SAT

日期 SUN

宝宝进入空间关系敏感期

6 ~ 8 个月，宝宝就开始有扔东西的行为了。他 / 她通过抛撒、移动物体，或者把里面的东西取出来，把外面的东西塞进去来探索空间，感知他 / 她和物体空间之间的关系，这是幼儿认知空间的最初过程，也是宝宝心智发展的一个阶段性行为。

我的宝宝吃点啥？

婴儿辅食是自制还是购买成品好呢？ 在挑选宝宝的辅食时有几个要求：1. 新鲜；2. 营养丰富；3. 干净卫生；4. 无添加剂和调料。只要满足这 4 个要求，在家做或买现成的都可以。

本周关注：

宝宝该长几颗牙

一般婴儿在出生后 6 ~ 7 个月萌出第 1 颗乳牙，但是每个孩子牙齿萌出的时间和数目有很大的个体差异，一般大多数的婴儿到 1 周岁时应该有 6 颗牙齿，但有的孩子可能只有 4 ~ 5 颗，极少数甚至 1 颗也没出；而有的孩子已经有 7 ~ 8 颗或更多，这些都是正常现象。

Tips：乳牙护理

- 宝宝长出牙齿后，不建议过早用牙刷清洁，应该继续用柔软纱布或棉花棒沾湿擦拭牙面，或使用专门的乳牙刷。
- 最好每次喂食后都要清洁口腔，例如让宝宝喝些温开水漱口，保持口腔干净以避免牙龈发炎；尽量不要让宝宝含着妈妈的乳头或奶瓶睡觉，并少吃甜食。

乳牙护理

日期 MON

日期 TUE

日期 WED

日期 THU

日期 FRI

日期 SAT

日期 SUN

为宝宝选择合适的衣物

宝宝越来越活泼好动，更喜欢穿舒适宽松的衣服。妈妈应选购一些质地柔软、宽松透气的衣服，以免擦破宝宝娇嫩的肌肤，也便于宝宝无拘无束地活动。要特别注意避免带有纽扣、带子、蝴蝶结等小装饰品的衣物，因为出于好奇，宝宝很可能会扯拉、吞咽小部件，造成窒息。

我的宝宝吃点啥?

制作苹果泥: 1. 把苹果洗净、削皮，再切成丁状；2. 加适量水后放进锅里，蒸 10 分钟左右，直到苹果熟透；3. 把蒸熟的苹果丁放到研磨碗里按压碾磨变成泥糊状。

本周关注:

“叛逆”的宝宝来了!

可能妈妈已经告诉过宝宝，不能乱摔东西，不能任着性子乱发脾气，更不能拉扯邻居姐姐的头发。但现在，你会发现宝宝竟然敢违抗你的命令了。其实宝宝并不是不服从你或是挑战你的权威，他 / 她只是感到好奇，想知道如果不服从你会有什么样的后果。

Tips：对付“叛逆”宝宝的小妙方

- **不打骂:** 千万不能因为宝宝拒绝你的要求而打骂他 / 她。宝宝正处在发育和学习的过程中，打骂会阻吓他 / 她进一步探索世界的好奇心。
- **重复指令:** 每次宝宝犯错，妈妈都要不厌其烦地重复规则，比如告诉宝宝再扔玩具，妈妈会把宝宝扔过的玩具收起来，等宝宝不再扔玩具时才可以玩。
- **用拟人的方式告诉宝宝:** 玩具像宝宝一样，摔跤了会痛，痛了会哭；玩具也会生气，生气后会不和宝宝玩。宝宝理解了之后就会慢慢减少摔东西的次数了。

叛逆的宝宝

日期 MON

日期 TUE

日期 WED

日期 THU

日期　　　　　　FRI

日期　　　　　　SAT

日期　　　　　　SUN

考一题，扫答案

宝宝大多在 6 ~ 8 个月萌出第一颗乳牙，有的则晚些。乳牙出得早，掉得也早吗？

移动阅读

扫答案

喂药方式

将小滴管吸入药后伸进宝宝的嘴里，滴管口放在宝宝口腔一侧的颊黏膜和牙龈之间，然后少量挤进一些药，待宝宝吞咽后再继续喂下一口。吃完药后再喂宝宝几口水，用毛巾擦干净嘴角，然后亲亲和夸奖宝宝。只有第一次吃药体验良好，宝宝才会不怕吃药。

我的宝宝吃点啥？

远离十大“垃圾”食品： 1. 油炸类食品；2. 腌制类食品；3. 加工类肉食品；4. 饼干类食品；5. 汽水可乐类食品；6. 方便类食品；7. 罐头类食品；8. 话梅蜜饯类食品；9. 烧烤类食品；10. 冷冻甜品类食品。

本周关注：

男孩包茎处理

在一些发达国家，比如美国，有 90% 以上的新生儿、婴儿接受包皮环切手术。父母们有一部分心理因素是希望借此增加男宝宝的“颜值”；另外则是希望男宝宝注意个人卫生，阴茎能良好地发育。而且，有包皮的成年男性常常被成年女性鄙视。

大多数男孩子刚出生时，包皮比较长，完全或几乎完全包住整个阴茎。所谓包皮环切术，就是指帮助孩子切掉过长的一部分包皮，让龟头露出，并保证尿道口暴露在外。这样，孩子在小便的时候，龟头及尿道口就可以完全暴露在空气中，避免了包皮垢、反复的包皮炎、包茎及泌尿道感染。从医学角度来看，美国儿科医师协会认为包皮环切术对孩子是有益的！

在西方，常规的包皮环切术即在孩子出生几天后，在医院里进行。有经验的医生完成一次包皮环切术只需要几分钟，而且很少引起并发症。和父母讨论之后，医生一般都会采用局部麻醉的方式帮孩子减轻手术中的疼痛。

提醒： 传统的中国泌尿外科医生，目前还不主张婴幼儿做包皮环切术，一般都建议 10 岁以后还是包茎的话再做处理，除非孩子出现排尿困难。所以，父母可以按照自己的意愿并且结合医生的诊断和建议来决定。

清洁小屁屁

宝宝成长第 29 周

日期　　MON

日期　　TUE

日期　　WED

日期　　THU

日期 FRI

日期 SAT

日期 SUN

考一题，扫答案

温水擦浴是最简易、有效又安全的降温方法，那么温水一般是多少℃呢?

移动阅读

扫答案

宝宝的正常体温

测量体温一般常在 3 个部位进行，即口腔、腋窝及肛门。

- 正常体温在肛门处为 36.5℃ ~ 37.5℃之间；在口腔处为 36.2℃ ~ 37.3℃之间；在腋窝处为 35.9℃ ~ 37.2℃之间。
- 通过测量后，凡超过正常范围 0.5℃以上时，称为发热。

我的宝宝吃点啥？

咀嚼训练：如果宝宝已长牙，妈妈可以提供一些宝宝能自己用手拿的食物，例如水果条、小吐司、磨牙饼干、烤馒头干等，通过咬、啃这些食物，刺激牙龈，帮助乳牙萌出，也避免宝宝再咬妈妈乳头，并及时训练宝宝的口腔咀嚼功能。

本周关注：

宝宝能明显地表现情绪了

宝宝已经会把他 / 她的情绪明确地表现出来了。对熟悉的人，他 / 她会毫不犹豫地做出一个飞吻的动作。看到陌生人时，他 / 她则会把头扭向一边不加理睬。要是遇到他 / 她讨厌的人，他 / 她会索性用哭闹抗议。

转移宝宝的注意力：这是应对宝宝焦虑情绪的有效办法，哪怕宝宝只有几个月大，也同样有用。但如果是由于身体上的某些问题让宝宝不舒服，他 / 她就会在短时间内反复哭闹，吸引父母关注自己。

目光交流：在与宝宝交流的过程中，目光的交流也起着非常重要的作用，这不只关系到宝宝当时的情绪，也会影响到宝宝未来的情商发展及智力水平。

宝宝发脾气了

日期 MON

日期 TUE

日期 WED

日期 THU

日期 FRI

日期 SAT

日期 SUN

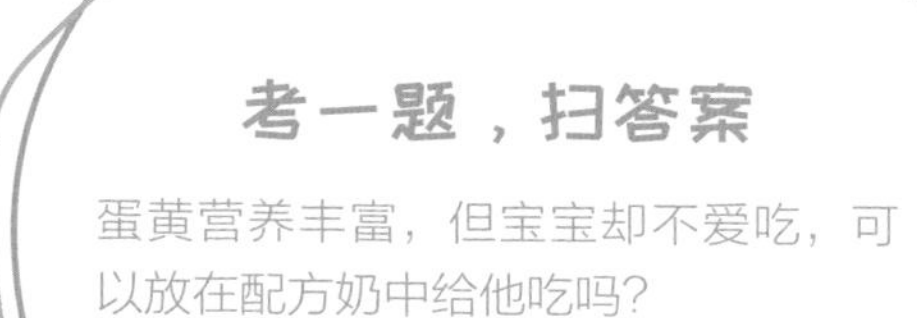

考一题，扫答案

蛋黄营养丰富，但宝宝却不爱吃，可以放在配方奶中给他吃吗？

移动阅读

扫答案

该断夜奶了!

宝宝在出生后 6 周，大脑松果体开始分泌褪黑素，褪黑素水平的高低直接影响到睡眠的质量和睡眠模式。同时夜间深睡眠的时候也是生长激素分泌的高峰，因此建议 6 ~ 8 个月期间，如果宝宝已经添加辅食，就要逐渐断掉夜奶。

我的宝宝吃点啥?

粗粮: 1 岁内的宝宝仍应以奶类为主，辅食添加的量、品种、性状等也要由少到多、由细到粗。但婴儿的肠胃还不适应含有高纤维的食品，因此，1 岁内的宝宝还不适合吃粗粮，所以也要限制摄入一定量的植物性食品。但这也并不是绝对的，具体看每个宝宝的消化功能及有无便秘而定。对于便秘的宝宝可以早些尝试粗粮。

本周关注:

怎样应对宝宝的分离焦虑症?

宝宝会因和妈妈的短暂分离而焦虑，甚至大哭大闹，这其实就是分离焦虑症，也是宝宝成长过程中的又一进步:因为他 / 她已明白妈妈有多么重要。

Tips: 解决分离焦虑症的小方法

- 出门前拥抱亲吻宝宝，告诉他 / 她妈妈很快就会回来；然后离开 5 分钟再回来，并慢慢延长每次离开的时间，让宝宝逐渐适应。
- 若宝宝因分离大哭不止，在告别之后不妨离开他 / 她时间长一点儿。儿童心理专家认为，摇晃、走动和哼唱对处于极度哭泣中的宝宝都会构成过度刺激。其实让宝宝大哭一会儿可以帮助宝宝迅速释放积存在体内的压力，这时再由第三方来安抚或陪伴宝宝可能会更有效。

怎样面对宝宝的分离焦虑症？

日期 MON

日期 TUE

日期 WED

日期 THU

日期 FRI

日期 SAT

日期 SUN

耳屎多了怎么办？

对于耳屎不多的宝宝，一般不需处理，也可用棉签在外耳道入口处轻柔清理一下。如果耳屎较多或结成硬块，造成外耳道阻塞者，应去医院请五官科医生处理，切勿在家强行给宝宝挖耳屎。

我的宝宝吃点啥？

尽量给宝宝现做现吃：不吃剩菜剩饭，饮食要新鲜。冰箱不是消毒箱，躲藏其中的细菌会在剩余的辅食中滋生，所以，不应想当然地把冷藏的食物当“宝物”喂给孩子。剩饭菜即使短时间放在冰箱中，也要高温加热待稍凉后再吃。

本周关注：

宝宝怎样爬行？

爬行是宝宝今后独立活动的预备阶段。通常，他 / 她会借助腹部或臀部的力量，慢慢向前爬行，或是借助臀部的力量把一只手撑在后面，一只脚伸在前面，向前移动身体。无论哪种方式都可以锻炼宝宝的四肢肌肉，为他 / 她今后的行走打好基础。

Tips：宝宝学爬 5 阶段

- 酝酿期（2 ~ 3 个月大时）：引导宝宝抬头与转头，锻炼颈部肌肉。
- 准备期（4 ~ 5 个月大时）：宝宝可以用上肢撑起上半身。
- 腹爬期（6 ~ 7 个月大时）：宝宝可以用上肢拖动身体往前爬，可能爬行途中原地转圈。
- 青蛙期（8 个月大时）：宝宝的腿渐渐有力，尝试腹部离地爬行。
- 成熟期（10 ~ 12 个月）：宝宝爬行已经非常协调，速度快。

宝宝怎样爬行？

宝宝成长第 32 周

日期 MON

日期 TUE

日期 WED

日期 THU

日期 FRI

日期 SAT

日期 SUN

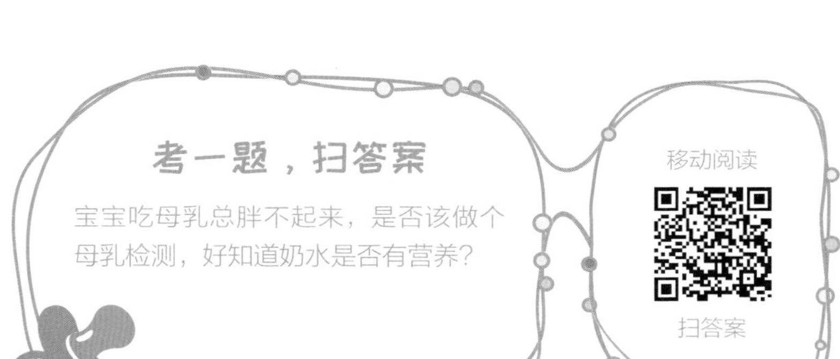

宝宝乳糖不耐受

乳糖不耐受是由于乳糖酶分泌少，不能完全消化分解母乳或牛乳中的乳糖所引起的非感染性腹泻，又称乳糖酶缺乏症。临床常表现为婴儿吃了母乳或牛乳后出现腹泻，由于长期腹泻不仅直接影响宝宝的生长发育，而且可造成免疫力的低下引发反复感染。乳糖不耐受的宝宝可在吃母乳时配合乳糖酶制剂或改吃不含乳糖或低乳糖的配方奶粉。

我的宝宝吃点啥？

牛油果：妈妈可以将牛油果剖成两半，刮成泥状，喂给宝宝吃；也可以将牛油果和香蕉（或蒸过的苹果）一起搅拌成泥，掺在米粉里，宝宝吃起来味道更香甜。刚开始尝试时，少量即可；随着月龄增大，宝宝一次摄入的牛油果量可以适当增加。

本周关注：

宝宝不愿意坐在浴盆里洗澡怎么办？

这周前后，妈妈可以鼓励宝宝脱离有支托的安全澡盆，尝试独立坐在儿童澡盆里洗澡。开始时宝宝会对大面积的水表现出恐惧，甚至一看到水或浴缸就会大哭大闹。可尝试用以下方法帮助宝宝克服对于洗澡的恐惧感：

- 和宝宝一起坐在没水的浴缸或澡盆里玩，让他 / 她先习惯大浴盆或大浴缸。
- 妈妈可以先在浴缸里为宝宝熟悉的玩具娃娃洗澡，让宝宝在一旁观摩；也可以让宝宝自己尝试为自己的玩偶洗澡，从而产生对洗澡的兴趣。
- 让宝宝亲近水。在浴盆里放上温水，用婴儿沐浴露制造出泡泡，再放进有趣的洗澡玩具和布书，以此引发宝宝对洗澡的兴趣。
- 调好水温后把花洒交给宝宝，妈妈在一边协助他 / 她放水，宝宝爱看流动的水。

这是一个渐进的过程，只要宝宝觉得浴缸是个有意思的地方，就会慢慢习惯并爱上洗澡。

帮助宝宝克服对于洗澡的恐惧感

日期 MON

日期 TUE

日期 WED

日期 THU

日期 FRI

日期 SAT

日期 SUN

夏天宝宝出汗多，每次给宝宝洗澡都要用沐浴露才能洗干净，对吗？

移动阅读

扫答案

流感疫苗

● 由于流感病毒是一种变异力极强的病原体，每年的流行类型都会有所不同，而流感疫苗只能提供 1 年的免疫力，因此需要每年接种 1 次。特别建议 6 个月～ 3 岁的宝宝，每年接种一次流感疫苗。

● 流感疫苗不是计划内的疫苗，妈妈可以选择给宝宝接种或不给宝宝接种。但如果宝宝接触外界比较多，还是建议接种。

我的宝宝吃点啥？

猪肝：它是一种营养丰富的食品，含有大量蛋白质、铁及维生素 A 等，是宝宝生长发育所需的。但肝脏是动物的最大解毒器官，又是重要的免疫器官和“化学加工厂”，因此即使食用也不要过多，少量为好，可每周吃一次，且需要挑选较新鲜的食材。

本周关注：

帮助宝宝学走路的 5 个要点

给宝宝足够的时间和空间：让宝宝在房间里摸爬滚打，锻炼各部位的肌肉，为迈步走路打下基础。

注意家里的摆设是否安全：地板不要太滑，清除掉容易绊倒宝宝的小家具和地毯，尽量避免因这些人为因素导致宝宝跌倒受伤。

鼓励宝宝勇于尝试：如果宝宝在学步时跌倒，在确认无大碍后，爸爸妈妈应该微笑着鼓励他 / 她继续尝试。家长不要因为一些小的磕碰就表现得过分紧张，因为这会使得宝宝更加紧张，大哭大闹，甚至对学步心生恐惧，从此止步不前。

可让宝宝赤脚学习走路：在家时，若能保证室内环境的安全整洁，可以让宝宝赤脚学习走路。但还是建议让宝宝穿上合脚的软底鞋练习走路，尤其是在冬天。千万不要为了保暖而让宝宝穿着袜子学步，这会使他 / 她非常容易滑倒。

必要时咨询医生：若是自己的宝宝学步比别的宝宝晚，妈妈更应该耐心地帮助鼓励他 / 她。如果宝宝直到 1 岁半也不会走路，可以去咨询医生。

如何帮助宝宝学走路？

宝宝成长第 34 周

日期　　　　　　MON

日期　　　　　　TUE

日期　　　　　　WED

日期　　　　　　THU

日期　　FRI

日期　　SAT

日期　　SUN

考一题，扫答案

不会爬行照样可以学会站立和行走，所以宝宝在学走路前，完全可以省略爬行的过程吗？

移动阅读

扫答案

宝宝学步5阶段

- 阶段1(10～11个月)：从搀扶站立发展到稳定站立，开始尝试走路！
- 阶段2(12个月左右)：自由站立、弯腰和下蹲，增进宝宝腿部的肌力。
- 阶段3（12～13个月）：扶着东西能行走。
- 阶段4（13个月左右）：开始蹒跚独步。
- 阶段5（13～15月）：能够熟练走路，扩大探索的范围。

我的宝宝吃点啥？

宝宝饮用水：用自来水烧开后冷却的温凉白开水是最佳的选择（最好先用净水器过滤），夏天凉到室温，冬天40℃就可以。

本周关注：

给宝宝挑选合适的鞋

宝宝从不会走路、蹒跚学步到学会走路，不同的时期对鞋子的要求也不相同。

尚未学步：婴儿袜

不只是为保护双脚、防滑、保暖，也为了让宝宝有个“穿鞋”的习惯。要求：袜子最好接缝紧密，不硌脚。

学步期间：学步鞋

其实最适合初学步的鞋是“不穿鞋”，因为光脚可以刺激足底神经发育，帮助宝宝建立平衡感。在温暖的室内学步，可以赤脚。如果天气比较冷或家中是大理石或水泥地板，建议穿软底鞋。软底鞋的摩擦力比较大，让宝宝的脚更能感受到踩在地面上的感觉，容易找到平衡感。鞋面要求：软、透气、包脚。

稳步行走：幼童鞋

稳步行走的孩子，在室外需要一双可以保护双脚的幼童鞋，它应该具有良好支托力和弯曲度，在保护宝宝的双脚的同时，引导宝宝用正确的姿势走路。

- **鞋头：**高、硬，可以保护宝宝的脚趾不被踢伤。鞋头较宽，让宝宝的脚趾有一定的伸展空间。
- **鞋面：**软，最好是布或软皮质，便于宝宝脚部弯折。
- **鞋帮：**将脚固定在鞋里，保护宝宝的踝关节。鞋帮可以高于脚踝，以防止宝宝学步时崴脚。
- **鞋底：**略硬但有很好的弹性，有助宝宝保持正确的走路姿势。

给宝宝挑选合适的鞋

日期 MON

日期 TUE

日期 WED

日期 THU

日期　　　　　　FRI

日期　　　　　　SAT

日期　　　　　　SUN

男宝宝常穿纸尿裤，会影响生殖器发育，可导致睾丸将来产不出精子，对吗？

移动阅读

扫答案

如果孩子发热并伴有以下情况，应及时就医：

- 表现出精神差、非常不舒服的样子。
- 有过高热惊厥史的宝宝。
- 明显咳嗽及喘憋。
- 诉说头痛、耳朵痛或胸痛、腹痛等。
- 持续腹泻和 / 或呕吐。
- 身上有皮疹或出血点。
- 高热超过 72 小时不退。

我的宝宝吃点啥？

1 岁以内的宝宝不适合喝豆浆：因为这个年龄段的宝宝肠胃功能尚未发育完全，胃内还没有分解豆类的消化酶。大豆中含有低聚糖，不能及时被消化、吸收利用的话，就会在肠道内被细菌发酵，分解产生大量气体引起宝宝腹胀不适。

本周关注：

宝宝满 36 周了，可以跟父母一起去旅行喽！

带宝宝坐飞机注意事项

- **提早预订座位：**靠舱壁坐，可以避免邻座进出影响宝宝；靠走廊坐，则方便妈妈抱宝宝进出洗手间，也便于活泼好动的宝宝四处“观望”。尽量不要坐在三人位的中间，对邻座和自己都不方便。如果遇到这种情况，尽量让空乘人员协助换座。
- **提早到达机场：**妈妈为自己预留更多的时间，以应付突发事件。
- **提早登机：**带着幼儿的乘客能享受提早登机的优待，妈妈可以尽早安置好孩子，并将孩子的必备用品放在方便取用的行李包内。

给宝宝挑选合适的玩具

- 必须带上宝宝最喜欢的安抚伙伴，鼓励宝宝自己选择两件平时喜欢的玩具。
- 妈妈选择几种轻便易携带的新书或新玩具，当宝宝因长时间飞行而失去新鲜感时给他 / 她一个惊喜。

带着宝宝坐飞机

日期 MON

日期 TUE

日期 WED

日期 THU

日期 FRI

日期 SAT

日期 SUN

考一题，扫答案

带着宝宝乘飞机越来越普遍，飞机起落时，如何才能减轻小婴儿的不适感呢?

移动阅读

扫答案

儿童安全座椅必不可少

带宝宝坐私家车时，很多妈妈都还是习惯把宝宝抱在臂弯里，一是担心宝宝坐不住，会哭闹，二是觉得这样很安全。其实这样对宝宝来说非常危险，万一突然发生车祸，宝宝很容易被大人挤压，也可能会被抛出车外。因此，妈妈应该给宝宝准备一个专属的座位——儿童安全座椅。越早让宝宝坐安全座椅，宝宝越容易适应。

我的宝宝吃点啥？

吃水果： 芒果和菠萝都容易引起过敏，所以给宝宝吃的时候一定要小心谨慎。患湿疹的宝宝不宜多吃；有过敏史的宝宝最好不要吃；过敏体质的宝宝建议等 1 岁后再少量尝试。

本周关注：

培养宝宝饮食好习惯

宝宝长大后对食物和味道的喜好与小时候妈妈喂他 / 她的食物有很大关系，所以从小培养宝宝良好的饮食习惯可能比短时间内吃什么更重要。

爱上蔬菜不挑食

首先是否爱吃素菜是从小培养的“口味”，如果开始添加辅食时就没有注意素菜泥的喂养，那么孩子自然会对素菜的味道感到陌生。其次，孩子不喜欢吃素菜的另一个原因是他们的咀嚼能力从小没有培养好，吃细软面食粥饭多了，不习惯素菜中的纤维，感觉咬不动。建议从花椰菜开始，可以蒸熟或烫熟，凉了让宝宝自己拿着吃。

逐渐自主进食

宝宝现在不满 1 岁还是需要家长配合喂饭的。可以尽量鼓励宝宝用手拿主食吃，如面包、馒头等，其他较难自理的食物可以还是由家长喂。注意：一直要等到宝宝能够自如地用手拿块状食物后，才算时机到了，可以引导他 / 她用餐具舀食。

该给宝宝添加哪些食物

宝宝成长第 37 周

日期 MON

日期 TUE

日期 WED

日期 THU

日期　　　　　　FRI

日期　　　　　　SAT

日期　　　　　　SUN

考一题，扫答案

宝宝满6个月后需要开始添加辅食，除奶粉外，一般母婴店里出售的那些小食品都是婴儿辅食吗？

移动阅读

扫答案

自制冷冻食物

每餐为宝宝现做食物，当然是最能保证新鲜和营养的。然而，许多妈妈兼顾育儿和职场，的确会忙不过来。而且宝宝刚开始胃口小，要每天现做辅食确实有点不切合实际。所以许多妈妈会在闲暇时制作食物冷冻保存，平日需要时取出加热，不仅节约了时间，还可以每餐为宝宝快速变换菜色。

我的宝宝吃点啥?

吃点心: 家长应该对宝宝在幼儿期的饮食进行定时和定量，两顿正餐之间一般保持 4 个小时左右，中间可加一顿点心。饮食上要避免油炸的食物、甜食、糕饼、含糖饮料。切忌用甜点进行哄骗和引诱，也不要将食物当作对宝宝的心理慰藉。

本周关注:

帮助宝宝理解日常生活概念

现在是向宝宝讲解日常生活概念的好时候了。最有效的办法就是结合实际环境，反复示范，慢慢让宝宝通过重复体验来理解和记忆。

- **冷与热:** 泡一杯微热的水，让宝宝先触摸热的杯身，再摸摸冰块；并用语言告诉宝宝水是热的，冰块是冷的。
- **上与下:** 轻轻地把宝宝举过头顶，再缓缓把他 / 她放到地面，告诉宝宝什么是上，什么是下。
- **空与满:** 在小桶里放满积木，再将积木倾倒一空，以此示范空与满的不同。
- **站与坐:** 拉住宝宝的手和他 / 她一起站起来，再同时坐下，告诉宝宝什么是站，什么是坐。
- **干与湿:** 让宝宝分别触摸湿的毛巾和干的手绢，让宝宝感觉什么是湿，什么是干。
- **大与小:** 在宝宝面前放上一个大球和一个小球，让宝宝指认什么是大，什么是小。
- **色彩:** 抓住每个机会为宝宝介绍各种颜色，宝宝的玩具、衣物、家具的摆设都可以成为妈妈的道具。但此阶段只需让宝宝熟悉主色调，不宜教得太过复杂。

向宝宝讲解日常生活概念

宝宝成长第 38 周

日期 MON

日期 TUE

日期 WED

日期 THU

日期 FRI

日期 SAT

日期 SUN

考一题，扫答案

很多新妈妈一摸宝宝的小手小脚有点凉，就会马上为宝宝盖被防感冒，这样做对吗？

移动阅读

扫答案

蔬果清洗4原则

- 浸泡：清洗时，先不要将蔬果去皮，直接浸泡在充满水的盆子里。
- 流动：打开水龙头，开小小的水呈一直线，以流动清水浸泡15分钟。
- 刷洗：开大水并用软毛刷洗。
- 切除：切除蒂头与根部。

我的宝宝吃点啥？

宝宝腹泻时的饮食：一般不需要禁食。除非宝宝呕吐较严重，需要短暂禁食。可给宝宝口服补液盐，或在米汤中加少许盐。应该鼓励勤吃母乳，一方面保证宝宝腹泻时营养的供给和预防脱水，还可以从母乳中获得抗体，有利于宝宝腹泻的恢复。除非宝宝是继发性乳糖不耐受，可以暂时禁食母乳或吃母乳前吃乳糖酶制剂，也可改喝低乳糖配方奶粉（腹泻奶粉）。在此阶段不要给宝宝添加新食物或生冷食物。腹泻严重者须及时送往医院，请医生诊治。

本周关注：

宝宝“心口不一”

很多宝宝自从学会摇头之后，常常喜欢说“不”。其实这是宝宝成长的一个重要标志，说明宝宝已经从一个纯粹凭本能反应的小婴儿变成一个有自己想法、能清晰表达观点的小大人了。但是父母应该理解，即使宝宝嘴上说“不”，他 / 她也不一定是真的持否定观点。因为宝宝发现，说“不”似乎更容易引起别人的注意。一般来说，宝宝要到近两岁时才能学会对问题做出较妥当的回答。

Tips: 聪明妈妈应对方法

- 运用选择性的提问方式，让宝宝没有机会说“不”。比如，不要问宝宝“要不要吃苹果”，而是问宝宝“想吃苹果还是想吃香蕉”。
- 对宝宝的否定言行，妈妈不宜表现出太过激烈的反应。妈妈的反应越是激烈，宝宝越是喜欢用否定语言。为了吸引妈妈更多的注意，他 / 她甚至会乐此不疲地反复使用此“伎俩”。

怎样面对"心口不一"的宝宝

宝宝成长第 39 周

日期　　　　　MON

日期　　　　　TUE

日期　　　　　WED

日期　　　　　THU

日期 FRI

日期 SAT

日期 SUN

考一题，扫答案

进口的疫苗往往比国产的贵很多，是不是进口疫苗比国产疫苗更安全、效果更好？

移动阅读

扫答案

外出如何给宝宝洗手？

妈妈一般在外给宝宝使用湿巾擦拭后，就不会再用清水去清洁了，这就使得湿巾上的防腐剂、表面活性剂等化学成分残留在宝宝的皮肤表面，容易造成皮肤干燥，引发接触性皮炎等皮肤过敏问题。所以，湿巾只能在家长应急时清洁使用；肥皂加流动清水冲洗的方法才可以将宝宝的小手洗干净！

我的宝宝吃点啥？

关于给宝宝喂蜂蜜：蜂蜜在酿造、运输与储存的过程中，常会受到肉毒杆菌的污染。婴儿的抗病能力差，非常容易使入口的肉毒杆菌在肠道中繁殖，并产生毒素，而婴儿肝脏的解毒功能又差，因此，为了避免肉毒杆菌中毒的潜在危险，1 岁以下婴儿不建议服用蜂蜜。

本周关注：

如何为宝宝“做规矩”？

10 个月是开始向宝宝介绍行为准则的最好时机，太早告诉宝宝规矩和准则效果不一定好，因为宝宝的记忆力还没有发育完全，很容易把妈妈的话忘得一干二净。

平衡教育：太严厉会让宝宝叛逆；太溺爱又会造成宝宝对环境的适应能力较差，个性脆弱，甚至变得自私粗鲁，爱与人吵架。

了解自家宝宝：需要针对不同的性格用不同的方法灵活施教，不能照搬硬套理论知识。

制定行为范围：幼儿还不能完全理解准则背后的道理，需要为宝宝画定一个简单易懂的行为范围，让宝宝逐渐学会不超越这个度。

贵在长久：经常改变规则会让宝宝迷惑不解，认为规则是可以轻易改变的。

解释错在哪：宝宝犯规的时候一定要解释为什么宝宝做错了，并说明下次再犯同样的错误的结果是什么。妈妈可以明示一些适合这个年龄段的奖罚条例。

如何为宝宝"做规矩"

日期 MON

日期 TUE

日期 WED

日期 THU

日期 FRI

日期 SAT

日期 SUN

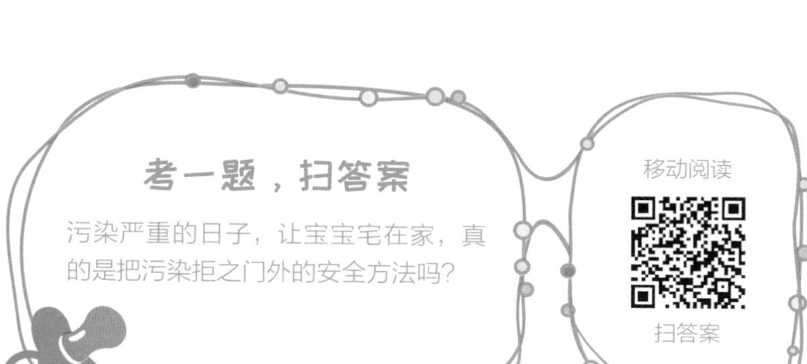

二手烟

烟、汽车与工业排放的废气都是造成过敏的因素，尤其是孕妈咪抽烟，或婴儿吸入二手烟，都会促使过敏体质提早出现。不要让宝宝接触太过刺鼻的气味或空气，如果确实需要经过这些环境，建议暂时给宝宝戴上口罩。

我的宝宝玩点啥？

玩积木：研究显示，经常玩积木有助于提高宝宝的手眼协调能力。在和宝宝用积木互动时，爸爸妈妈要让宝宝用双手充分感知积木的形状，触摸每一面、每个棱角，并用语言作简单解释，让宝宝有基本的形状、颜色和大小概念。宝宝喜欢把所有到手的东西都往嘴里放，所以最好选择边长或直径至少要在 4 厘米以上的积木，方便小手抓握，并防止被宝宝误吞。

本周关注：

发现宝宝性格内向

性格大多受先天影响较多，但开朗外向的爸爸妈妈也可能生出性格内向的宝宝。

- 不要刻意在宝宝面前强调他 / 她性格内向，这样会使他 / 她失去自信。
- 要在生活中自然地、不露痕迹地创造机会，鼓励宝宝尝试做他 / 她不熟悉的事。
- 为宝宝介绍个性开朗的小朋友一起玩，让他 / 她在成长中渐渐地消除害羞感，建立起自信。
- 当宝宝逐渐长大后，培养他 / 她的参与意识，锻炼社交能力和表达技巧，如让宝宝学着招待客人，带宝宝串门，与同龄孩子多多接触，扩大交往范围，并从交流中学习社交礼仪和规矩。

我的宝宝为什么特别内向？

日期 MON

日期 TUE

日期 WED

日期 THU

日期　　　　FRI

日期　　　　SAT

日期　　　　SUN

考一题，扫答案

宝宝头发慢慢地变稀黄了，父母不免担心：宝宝头发又稀又黄，缺少光泽，是不是缺锌了？

移动阅读

扫答案

发现宝宝不合群

有些宝宝在和别人玩耍时似乎有点不合群，总是自顾自地玩而不参与。妈妈不用太担心，更不要强迫宝宝去加入游戏。不到 2 岁的宝宝还不算是一个成熟的社会个体，他 / 她不明白集体活动的意义，一般要到三四岁时才会喜欢参与集体活动。不过，现在让宝宝多参加各类幼儿活动，鼓励他 / 她多与其他小朋友一起分享玩具，可以为以后的性格培养打好基础。

我的宝宝玩点啥?

玩布书: 对于婴幼儿来讲，书更是玩具、游戏。他们大都不会按顺序翻页，喜欢撕书、咬书、玩书。只要没安全问题，父母不必过多干涉，而应培养宝宝对书的兴趣，怎么翻、怎么看、怎么玩都随他，宝宝会逐渐学会一页页翻书。此时应选择可啃咬的触摸布书，注意材质必须安全无毒，不褪色。

本周关注:

如何判断宝宝的听力是否正常?

现阶段宝宝还有点口齿不清，正在努力学着发出咿咿呀呀的声音，还会配合用手势来协助表达。这表明宝宝听力发育正常。如果宝宝对周围的声响表现出迟钝的反应，如听不到妈妈躲在他/她身后叫他/她，对从隔壁房间传来的声响无反应，不能模仿并重复他/她所熟悉的声音，就应该找医生检查宝宝的听力了。

Tips: 这 10 种行为最伤宝宝听力

- 常给宝宝掏耳朵。
- 让宝宝平躺着喝奶。
- 拍打宝宝的脸。
- 高分贝音乐或噪声刺激。
- 捏紧鼻子用力擤鼻涕。
- 捂紧口鼻打喷嚏。
- 游泳、洗澡时没做好耳朵防护措施。
- 捏鼻子灌药。
- 随意给宝宝使用抗生素。
- 经常给宝宝戴耳机听音乐、看视频。

宝宝的听力

日期 MON

日期 TUE

日期 WED

日期 THU

日期 FRI

日期 SAT

日期 SUN

考一题，扫答案

为了帮助宝宝乳牙萌出，妈妈会买磨牙棒饼干让宝宝啃咬，那么出牙后还应该继续让宝宝吃磨牙棒饼干吗？

移动阅读

扫答案

宝宝餐具要选对

• PP（聚丙烯）和 Tritan （共聚酯）：轻便耐摔安全却易刮花。最好选择无味、无色透明或素色的宝宝餐具，餐具外面可以有图案，但是内侧不要有图案。市面上许多品牌的吸盘碗等宝宝餐具多用 PP 和 Tritan 材质，相对更安全。

• 仿瓷（密胺）：耐摔但质量难保证。选择时要注意餐具颜色不要过分鲜艳，产品内壁或接触食品的部分最好不要有图案花纹。认准正规、知名、经严格检测的母婴品牌。

• 陶瓷餐具：健康却易碎。建议选择内面为白釉的容器，即纯色无花纹且表面光滑的。

• 不锈钢餐具：不开裂却易烫手。建议选择食品级、抗腐蚀效果较理想的 304 不锈钢品。注意不要用不锈钢餐具盛酸性食物。

我的宝宝玩点啥？

玩游戏：和宝宝一起玩能帮助宝宝锻炼体能、发展大运动的亲子游戏，让宝宝在开心的游戏中，学会站立和行走。比如追球游戏、推箱子游戏，让宝宝的站立行训练变得好玩有趣。同时，对于 1 岁以内的宝宝来说，很多常见的游戏都潜藏着危险，建议父母不要和宝宝玩空中飞人、拔萝卜、骑大马等；也不要让宝宝过早接触手机、Ipad 等电子产品。

本周关注：

怎样和宝宝有效沟通？

多用手势和表情

宝宝已经能够模仿各种声音及音调了，那是因为他 / 她的说话能力和领悟能力都在逐渐增强。当你对宝宝说“请把身边的球递给妈妈”时，他 / 她会迅速地做出正确的动作。你可以将较为复杂的行动命令分解为一个个小步骤，再配合手势，让宝宝明白你说话的含义。

积极回应和鼓励

同时，妈妈要倾听宝宝发出的声音，并积极回应。妈妈热烈的态度和热情的鼓励会提高宝宝对语言学习的兴趣，并喜欢上表达。最新研究发现，若宝宝向妈妈发出信号，而妈妈能在 7 秒内准确回应，宝宝就没有受挫感；反之，宝宝就会有受挫感。若妈妈完全不回应，那么宝宝就会感到彻底受挫，其结果就是宝宝会减少甚至再也不向妈妈发出呼应。

怎样和宝宝有效沟通？

宝宝成长第43周

日期 MON

日期 TUE

日期 WED

日期 THU

日期　　　　　　　　FRI

日期　　　　　　　　SAT

日期　　　　　　　　SUN

有的妈妈不敢给宝宝吃零食，觉得零食都是垃圾食品，会影响宝宝吃饭。宝宝一点零食都不能吃吗？

移动阅读

扫答案

坚果类小零食怎么吃

坚果是把双刃剑，如核桃、松子等营养丰富，含有一定量的脂肪、蛋白质及微量元素，对平时有便秘的宝宝具有润肠的作用；但坚果类小零食却也暗藏危险：这个小东西容易卡到孩子的气管中，俨然成为一大安全隐患；如果过早给宝宝吃坚果，还存在过敏的风险。所以，对于 0 ～ 1 岁的宝宝，不建议喂食坚果。

我的宝宝玩点啥？

乱涂和瞎画：许多 1 岁左右的宝宝已经开始能握笔涂鸦了，但对此时的宝宝来说，掌握绘画技巧不是涂鸦的主要目的，因此父母不要以“像”或“不像”来简单评判宝宝的“作品”。父母能做的就是去丰富宝宝的生活内容，培养宝宝的感受能力。

本周关注：

断母乳的好方法

无论孩子多大，母乳都会提供丰富的营养，国际母乳会建议至少母乳喂养宝宝到 2 岁。断奶不是一天或者一个周末就可以完成的“任务”，做好前期准备最重要：

第 1 步：引入奶瓶

如果宝宝一直是母乳喂养，那就需要先让他 / 她习惯离开妈妈的乳房，改用奶瓶喂奶，妈妈可以考虑用吸奶器把奶吸出来。

第 2 步：开始混养

每隔两三天取消一顿母乳，用配方奶代替。这样妈妈的乳汁分泌量会逐渐减少，也就会较少产生涨奶的不适。

第 3 步：让亲近的家人喂母乳或配方奶

如果宝宝一般在临睡前或睡醒时要求吃奶，那就可以请爸爸或其他与宝宝亲近的人来帮助喂奶、陪睡一下，或者照顾宝宝起床穿衣。

第 4 步：增加妈妈与宝宝活动的机会

宝宝与妈妈在一起的时候会联想到妈妈的乳房，这时要多安排各类有趣的活动来转移宝宝的注意力，让他 / 她习惯与妈妈一起的“无奶”时间。

提示：谨慎选择断奶时间，不应与宝宝生活中的其他重大变化同时进行，遇到宝宝长牙、生病、换新保姆、搬家或是妈妈出差时，不宜断奶。

为什么要让宝宝断奶？

宝宝成长第 44 周

日期 MON

日期 TUE

日期 WED

日期 THU

日期　　　　FRI

日期　　　　SAT

日期　　　　SUN

考一题，扫答案

吃奶粉的宝宝貌似很容易大便干结，把奶粉冲调得稀一点，便可防止宝宝便秘吗？

移动阅读

扫答案

保持房间湿度

宝宝的气道容易干燥，因为鼻腔黏液分泌不足，所以不能有效地清除吸入的微生物，而干燥的室内环境会让宝宝鼻腔黏膜更加干燥，大大增加宝宝呼吸道感染的概率。科学研究已发现，空气湿度低于20%，室内可吸入颗粒物就会增多，宝宝更容易受感染；空气湿度为 60% ~ 70% 时，病菌则较难传播。

我的宝宝玩点啥？

玩小手： 关注宝宝精细动作的发展，在11～12月龄左右，宝宝会翻书并合上，会打开盖子，剥开纸包；会用拇指和食指捏住食物；可以自主寻找、抓起、放下物品；还能把东西递给妈妈或者把小球滚给妈妈。

本周关注：

早教班不要太早上

妈妈大可不必让宝宝参与一些非常正式的早教课程，硬性规定他/她安静地坐在教室里学习，这只会打击宝宝的学习积极性与自信心，甚至有害无益。1岁左右的宝宝仅仅需要足够的时间在成人的协助下去探索未知的环境，比如带宝宝去家周围的各类活动场所，或自己组织一个宝宝活动小组，把亲朋好友的孩子们组织起来。

Tips：选择早教活动

- 注意带班老师是否持有相关证书，聆听一下其他妈妈对老师的评价和印象是否良好。
- 任何可能会冲撞到宝宝的体育活动都不太适合本年龄阶段的宝宝，妈妈要慎重选择。
- 观察宝宝的神情，如果宝宝在活动时没有微笑，说明他/她不喜欢这个活动内容，可以考虑延迟或换班。
- 注意早教班内是否有足够适合宝宝年龄的设施和玩具，比如小型滑滑梯、摇椅等。

挑选合适的早教班

日期　　MON

日期　　TUE

日期　　WED

日期　　THU

日期 FRI

日期 SAT

日期 SUN

围巾不能当口罩

有些妈妈喜欢把围巾给宝宝当口罩使用，其实这样很不卫生。因为围巾一般以羊毛、兔毛、化纤等为原料织成，不常换洗，在使用和存放时也很容易隐藏细菌，沾染致病菌、尘埃等有害物质，如果用围巾围住宝宝的嘴和鼻子，宝宝会将有害物质吸进呼吸系统，危害健康。过敏体质的宝宝如果吸入羊毛等有机纤维， 还会诱发或加重哮喘。更重要的是，宝宝的围巾不能太长，万一在行动中被挂住会有安全隐患。建议妈妈给宝宝带围脖，可以避免宝宝过度抽拉而引发窒息。

我的宝宝玩点啥？

玩沙：可帮助宝宝发展手部肌肉和触觉，增强视觉机能，同时激发宝宝的探索精神。现阶段，妈妈为宝宝创造机会，让他 / 她先玩沙过瘾。比如，妈妈可专门挑选、购买一小堆宝宝专用的沙子或沙泥，让宝宝伸手抓取，体会沙子从指缝流走的感受；或可将水加入沙堆里，改变沙子原有的状态，宝宝看了会觉得很新奇！妈妈一定要在旁加强看护，小心宝宝把沙子吃进嘴里，并避免沙子不慎入眼！

本周关注：

怎样摆脱安抚奶嘴

虽然让宝宝告别与他 / 她相处了很久的安抚奶嘴有点残酷，但还是建议妈妈可以考虑逐步实施“摆脱安抚奶嘴”计划了，因为现在是最佳时机。宝宝使用安抚奶嘴的时间越长，对安抚奶嘴就会越发依赖。而且，11 个月是宝宝学习说话的关键时刻，嘴里一直含着安抚奶嘴，说话的机会就会相对减少。

Tips：摆脱安抚奶嘴

- 减少宝宝白天使用安抚奶嘴的时间，在这个过渡期中，家长可以购买一些新玩具以吸引宝宝的注意。
- 多带宝宝去户外，悄悄分散宝宝对安抚奶嘴的注意力。
- 找一个可以让宝宝随意用嘴啃咬的填充玩具，他 / 她很可能会把对安抚奶嘴的依赖转移到填充玩具上。
- 多和宝宝一起做游戏，分散他 / 她的注意力。
- 当宝宝犯咀嚼瘾时，给他 / 她无糖的硬面包或磨牙棒等作为替代品。

怎样摆脱安抚奶嘴？

日期 MON

日期 TUE

日期 WED

日期 THU

日期 FRI

日期 SAT

日期 SUN

考一题，扫答案

有人说吃鱼油好，有人说吃鱼肝油好。鱼油和鱼肝油是一回事，都是用来补充维生素 D 的吗？

移动阅读

扫答案

强行把尿不利如厕训练

给宝宝把尿却把不出来，宝宝已经身子扭动甚至哭闹，在这种情况下，有些妈妈还是坚持不懈地将把尿进行到底，全然不顾宝宝的感受。而相反，如果父母顺应孩子的生长规律，在宝宝 18 个月～ 2 岁期间，当他 / 她心智发育相对成熟，表达能力也较好时，再用一种更良好的互动沟通方式来训练上厕所，则会事半功倍，宝宝的感受也更快乐。

我的宝宝玩点啥？

玩水：宝宝天生都是爱玩水的，洗澡也是一个与宝宝沟通和玩益智游戏的重要机会。把一些东西放到水里，让宝宝仔细观察一下哪些会沉哪些会浮；把一个戏水玩具放到水里，让宝宝自由玩耍；看他 / 她能否用木勺把一些漂浮在水中的玩具捞起来等。

本周关注：

注意力

妈妈可能已经发现宝宝对玩乐常常只有 3 分钟热度。事实上，宝宝的注意力只能维持在 2 ~ 5 分钟，一旦超过这个界限，再好玩的玩具、再有趣的游戏都会变得无聊枯燥。所以妈妈应该在布置活动房时多花点心思，把不同种类的玩具分散放在各个角落。这样，宝宝可以跳跃式地选择不同种类的玩具和布书等，并对每件玩具都保持新鲜感。这样宝宝的注意力看似是断裂的，其实是连贯有序的。

Tips：孩子注意力集中时间

- 在 2 岁以下：以无意注意为主
- 在 2 岁左右：约 7 分钟
- 在 3 岁左右：约 9 分钟

培养宝宝注意力

宝宝成长第 47 周

日期　　　　　MON

日期　　　　　TUE

日期　　　　　WED

日期　　　　　THU

日期 FRI

日期 SAT

日期 SUN

考一题，扫答案

提到“奶伴侣”，很多妈妈都不陌生。配方奶中加入 " 奶伴侣 " 可去火、助消化吗?

移动阅读

扫答案

宝宝真的“上火”了吗？

所谓的“上火”，多数是由于宝宝消化系统尚未发育完全而负担过重，体内消化酶不足造成食物代谢不完全，一些没有分解完全的代谢物质（许多妈妈俗称其为毒素、垃圾）未能及时排出体外而产生的现象。也有部分可能是由于细菌（或者病毒）的轻度感染。建议合理饮食，选择适合不同年龄宝宝的饮食，多补充水分，往往可以减少“上火”现象的发生。

我的宝宝玩点啥？

讲睡前故事：故事时间是亲子沟通的最佳时间，能够加深与孩子的交流，给孩子增加安全感。对于大一点的孩子，父母在讲故事的同时，还要尽可能地观察他 / 她的反应，敏锐地捕捉他 / 她的兴奋点，以培养宝宝对阅读的兴趣。

本周关注：

培养宝宝好习惯至少需要 3 周

好习惯养成不容易，根据美国科学家的研究，一个新的习惯养成至少需要 21 天，也就是 3 周。而宝宝在 1 岁内特别善于接受新鲜事物，妈妈不妨利用这段时间让宝宝学习并养成诸多好习惯。

如厕习惯

适合训练上厕所的宝宝年龄范围在 12 个月到 3 周岁左右，要根据宝宝的接受程度、进步速度和表现出来的兴趣偏好逐步训练：

a. 随宝宝的心情；b. 避开身体不适或环境变化时；c. 不强迫宝宝；d. 及时称赞宝宝的进步；e. 逐渐建立夜间控制排便的习惯；f. 穿训练裤，别穿复杂的裤子。

睡眠习惯

a. 帮助建立睡眠的作息规律；b. 帮助宝宝分辨昼夜；c. 白天小睡的时间不要超过 4 小时；d. 保证夜间足够的睡眠时间。

提醒：家长不要采取抱着、摇着、喝着奶哄睡的模式，要让宝宝在专属小床上，慢慢学会自己入睡。

吃饭习惯

a. 让宝宝懂得每样菜都有营养，不偏食挑食；b. 不给宝宝吃垃圾食品，零食也少吃；c. 教宝宝学会自己吃饭，定时定点，不追着喂，让宝宝自己控制饥饱；d. 不把给与不给食物作为奖惩手段。

如何培养宝宝的好习惯

日期 MON

日期 TUE

日期 WED

日期 THU

日期 FRI

日期 SAT

日期 SUN

1岁内宝宝禁用晕车药

虽然研究表明 2 岁以下的宝宝很少晕车，但如果低龄宝宝每次坐车时都会流口水、哭闹、烦躁不安等，那就可能是晕车所致。晕车药多是一些抗组胺药物，对中枢神经系统具有抑制作用，2 岁内的宝宝服用可能会影响神经系统发育，若没有医生指导，家长最好不要擅自给宝宝吃。1 岁内宝宝禁用。

我的宝宝玩点啥？

读绘本：带给孩子阅读的快乐，当我们大声为孩子朗读绘本时，这都是在传递爱的声音。每天晚上坚持给孩子读 10 ~ 15 分钟的书，让孩子伴着故事入睡是一件非常美妙的事情，不仅帮助学习词汇、语法和句子的节奏，而且还可以增进亲子关系。

本周关注：

小朋友争玩具怎么办？

与同龄宝宝一起玩耍时，宝宝们常常会争抢同一件玩具，那是因为现阶段的宝宝只关心自己，通常要到 2 ~ 3 岁时，宝宝才会有分享的概念。在未来的一两年中，妈妈需要反复解释并“诱导”宝宝学会分享。

妈妈可以在游戏时经常对宝宝说：“把小熊借给我玩一会儿好吗？”或者尝试让宝宝玩一些需要把东西传递给别人的游戏，体会一起玩、一起分享才更快乐。

Tips：家长不要用成人的眼光看待宝宝“受欺负”

如果自家宝宝自愿让出玩具，也没有表现出“不情愿”的样子，妈妈不要用成人的眼光看待此事，认为宝宝是“受欺负”。如果宝宝不愿意分享，也不要讥笑宝宝“小气”，因为幼儿和成人的思维是完全不同的。

妈妈要了解刚满 1 岁宝宝的认知发育特点，他 / 她目前还无法预见拿走小朋友玩具时对方可能会有的感受，这种至关重要的能力在 3 ~ 4 岁时才会发展。所以，妈妈要对宝宝有耐心。

宝宝总和小朋友争玩具怎么办？

日期 MON

日期 TUE

日期 WED

日期 THU

日期 FRI

日期 SAT

日期 SUN

营养影响身高

人从出生至成年，身高生长速度不是匀速的，在一生中身高有两个快速发展阶段：婴幼儿期和青春期。其中，婴幼儿时期是宝宝身高快速发展的一个重要阶段，在这一阶段，宝宝的个子会有惊人的变化。因此，2 岁前的营养对生长的影响远超过遗传因素，年龄越小越是如此。

我的宝宝玩点啥？

“音乐浴”： 即对婴幼儿的音乐训练应贯穿在日常生活中。唤醒宝宝时，可选用较为轻快、活泼的音乐；给宝宝喂奶时，可播放悠扬的音乐；哄宝宝入睡时，可选用旋律缓和的《摇篮曲》；如果宝宝在无病时啼哭，妈妈也不妨试着用音乐安慰他 / 她（扫“**移动阅读**”二维码，听妈咪 Jane 推荐的宝宝催眠曲）。

本周关注：

这些食物易让宝宝蛀牙

含淀粉类主食

米饭、馒头片、面条等食物，糖分含量高，如果食物残渣留在宝宝口腔中，会在口腔细菌作用下发酵变成酸性物质损坏牙齿。

注意： 妈妈可每餐将米面类食物与果蔬类食物合理搭配，变换花样给宝宝吃，并且给宝宝勤漱口，正确刷牙，避免龋齿发生。

含糖量高的零食

各式糖果、冷饮、膨化食品，以及外购的面包、蛋糕、饼干等，不仅含糖量高，而且食品添加剂多，又有反式脂肪酸，不但对健康无利，还容易损害宝宝的牙齿。

注意： 不建议给宝宝食用。

碳酸类饮料

碳酸饮料等饮料加了甜味剂、糖和二氧化碳，呈酸性。而酸环境下，易对牙齿造成腐蚀，形成龋齿。

注意： 避免给宝宝饮用。

3类食物会让宝宝蛀牙

日期 MON

日期 TUE

日期 WED

日期 THU

日期　　　　　　　　FRI

日期　　　　　　　　SAT

日期　　　　　　　　SUN

父爱不缺位

生了孩子，只是做了“生理父亲”；给孩子物质保障是做了“物质父亲”；与孩子有心灵的交流，在他们成长的过程中不缺席，才能成为“精神父亲”；有了这三个“父亲”才能成为真正意义上的父亲，才配接受儿女对父爱的感激和讴歌。

我的宝宝玩点啥？

舞蹈：妈妈在日常生活中会发现，当宝宝听到音乐时，身体会自然而然跟着节奏摆动，这可是宝宝与生俱来的能力。我们所做的，是帮助孩子保留这样的能力，并且引导孩子继续提高这种能力，让它变成丰富自己生活的兴趣。

本周关注：

宝宝正是活泼好动的时候，随时可能发生意外，因此妈妈要时刻保持警惕，避免事故发生：

室内安全

让宝宝远离利器、电源、浴缸等不安全地带；经常检查宝宝的玩具，及时收起已破损的玩具；某些玩具需要父母陪伴才能让宝宝玩，以避免宝宝误食零部件造成伤害。

室外安全

让宝宝远离池塘、湖边等危险地带；带宝宝去游泳时要仔细检查游泳圈、充气垫等安全设施，并守在宝宝身边时刻注意安全；在宝宝玩耍前检查公园或小区内户外器械的安全性能，查看器械是否安装牢固，螺丝、螺帽是否拧紧，确保器械不会摇晃或断裂。

道路安全

雨雪天气最好不要带宝宝外出。如必须外出，须让宝宝坐在手推车内，由家长小心推行。年龄更小的宝宝应使用多功能背袋由家长背着出门。如自驾出行，必须让宝宝坐在汽车专用的婴幼儿安全椅内。

室内安全

日期 MON

日期 TUE

日期 WED

日期 THU

日期 FRI

日期 SAT

日期 SUN

平衡家庭关系

夫妻与孩子是一个稳定的等边三角形，三个人分别是三角形的三个顶点。也就是说，三者之间的情感距离应该是相等的，而维护夫妻关系又重于亲子关系，因为夫妻是家庭的基础，只有夫妻关系好了，亲子关系才能好。这样的一种平衡，才有利于夫妻间的情感维系和孩子的心理成长。

我的宝宝玩点啥？

敲敲打打：每个孩子都喜欢敲敲打打，这是孩子与生俱来的本能。打击乐的演奏方式幼儿最易掌握，也是最容易自发上手的一种音乐“玩法”。吃饭时敲打桌子，洗澡时拍打水面，走在路上故意去踩水发出节奏声……

本周关注：

全脑开发 8 时机

母乳或奶瓶喂养时 / 关键词：面部交流

妈妈看着宝宝，和宝宝之间用面部表情交流；妈妈回应、重复宝宝发出的咕咕声。

坐车时 / 关键词：音调、节拍

给宝宝唱歌，歌曲可以引入新词汇、重复的节拍等。

换尿布时 / 关键词：引入语言

跟宝宝说说话，告诉他 / 她你在干什么，下一步要做什么。

洗澡时 / 关键词：语言、情绪

在给宝宝洗澡时唱歌给宝宝听，开发语言；用浴巾和他 / 她玩躲猫猫游戏等。

超市采购时 / 关键词：触摸

用语言描绘地点、气味、形状，让宝宝触摸苹果，感觉和橙子的不同之处。当然要提前准备好宝宝专用纯水棉球或者专用纯水湿纸巾及时擦手。

散步时 / 关键词：描绘

给宝宝指出天空、树木、小鸟等，然后说出它们的名字。

吃饭时 / 关键词：抓取

当宝宝捡起小块的食物时，他 / 她同时也在练习运用手指抓取的技能。

上床睡觉时 / 关键词：亲子阅读

专家建议：父母要从婴儿出生开始就利用时间展开亲子阅读，或仅仅是看书里面的画，并不需要把一个故事从头讲到尾。

注重宝宝
全脑开发
右
左

宝宝成长第 52 周

日期 MON

日期 TUE

日期 WED

日期 THU

日期　　　　　　　　　　FRI

日期　　　　　　　　　　SAT

日期　　　　　　　　　　SUN

考一题，扫答案

宝宝是左撇子，这可能会给他 / 她日后的生活学习带来不便，需要刻意要求他 / 她改用右手吗?

移动阅读

扫答案

祖辈育儿矛盾多

老人并没有为你带孩子的义务，所以，不管老人是否做得让你满意，我们都应该对他们心存感激！无论工作多繁忙，别忘了，你才是孩子的第一抚养人、唯一的妈妈，每天尽量抽出 1 ~ 2 个小时的时间与孩子一起玩耍和沟通。如果你家老人“问题很多、无法沟通”，为了孩子的未来，还是尽早自己承担育儿的责任吧！

宝宝0～1岁关键内容索引

✲ 健康护理

✲ 日常护理

✲ 营养喂养

✲ 情绪早教

✲ 婴儿用品

注：※ 表示该内容可在相应的“考一题，扫答案”栏目中查看。

图书在版编目（C I P）数据

宝宝来了 : 0 ～ 1 岁 / 每周必读 / 边读边记 / 妈咪 Jane 著 . -- 上海 : 东方出版中心 , 2016.11

ISBN 978-7-5473-1057-1

Ⅰ . ①宝… Ⅱ . ①妈… Ⅲ . ①历书 – 中国②婴幼儿 – 哺育 – 基本知识 Ⅳ . ① P195.2 ② TS976.31

中国版本图书馆 CIP 数据核字 (2016) 第 280684 号

责任编辑　丁国生
书籍设计　黄佳菁　李　娜

宝宝来了

0~1 岁 | 每周必读 | 边读边记

出版发行：东方出版中心
地　　址：上海市仙霞路 345 号
电　　话：021-62417400
邮政编码：200336
印　　刷：上海雅昌艺术印刷有限公司
开　　本：787*1092 毫米 1/32
字　　数：230 千字
印　　张：10
版　　次：2016 年 11 月第 1 版第 1 次印刷
ISBN 978-7-5473-1057-1
定　　价：58.00 元